宇宙から電気を無尽蔵にいただくとっておきの方法

水晶・鉱石に秘められた無限の力

高木利誌

明窓出版

はじめに

　東日本大震災から未だ復興できないでいる中、今度は九州でまた、大変な地震が起こった。
　忘れもしない戦時中の、小学6年生の時のことである。
　昭和19年12月7日、昼食直後に南海地震が起きた。
　続く翌20年1月13日、極寒の満月の真夜中に、三河湾地震が起きた。怖くて家の中におられず、刈り取りの終わった田んぼに筵(むしろ)をつなぎ合わせて作った地震小屋と呼んでいた所で1か月ほど過ごした。寝ている蒲団の上に雪が積もって震えていたことを思い出し、今回被災された方のご苦労が我がことのように身に染みている。
　水がない、電気がないと被災された方がテレビニュースで訴えておられる。本当にお気の毒なことである。
　誰でも簡単に取り出せる（あるいは取り込める）電気の技術について考えている一人として、早く、早くと心が急かされてならない。
　被災地の近くにはとうとうと流れる川があり、遠くないところに海もある。高い山や、噴火している火山もある。
　川も、海も、山も、電気エネルギーの塊ではないか。
　また、日本中どこにでも波動の高い鉱石がある。山は鉱石

の宝庫であり、火山には火山灰がある。
　川や湖の水がある限り、こうした鉱石と合わせれば電気に困ることはないはずだ。

　副産物として、電気がなくても水素が得られる。
　水素燃料電池も夢ではない、もう家庭でできる簡単水素が目の前だ。
　水素を燃やせば水ができるので、飲み水に困ることはない。

　以前、千葉の宮野ピーナッツの宮野社長さんが、ジェラルド・ポラック博士の「第四の水の相」についての本を送ってくださった。そこには、水には従来、固体（氷）、液体、気体（水蒸気）の状態があるとされていたが、実は第四の相（波動水）があったと記されていた。
　鉱石を使った水も波動を持った水の相の中に入ると思うが、そうでないとすれば第五の相の、電気を帯びた水といえるのではないか。
　この水の四、五の相で災害時にお役立ていただけるのではないかと思い、いまだ完成の域には達してはいないが、皆様のお知恵で一刻も早く実用化できればと考えている。取り急ぎ未完成情報ではあるが、提供いたしたい。

はじめに 2

　私たちの周りには、実生活に利用できるものも含め、エネルギーはあり余るほどあるようだ。けれども、その取り出し方がまだまだ分かっていないし、分かっていることがあっても知られていない。

　前著「大地への感謝状」（明窓出版）では、電気を、栽培してからいただく野菜に例えた。すなわち、電気を栽培する（栽電）といったが、実際は宇宙からいただいているのだ。
　言葉としては集電、受電、等といろいろ考えられるけれども、電気とは光として、音として、また計器盤上に表れる数字として感じられるものであって、これが電気だよと目の前に見せられるものではない。

　ニコラ・テスラが「地球は大きな蓄電池」と言い、ヘンリー・モレイ博士（＊）が「宇宙は大きな発電所」と言っていたそうだ。偉大な先人は、そうしたことを確認しながらも、世に出せないまま不遇な人生を過ごされたという。
　その自然に偏在するエネルギーで、地球の民が必要とするすべての電力がまかなえるらしい。自然は今も、利用される

ことを待っているのではなかろうか。

　多くの先輩たちが理論を積み重ねて残してくださっているおかげで、その理論をふまえて考えさせていただけている。現在は、太陽光発電という形で光を電気に変える利用法も確立された。珪素の波動を介して、光がなくても発電できる可能性もある。（橘高啓先生、岩崎士郎先生）

　東日本大震災では、原子力発電の問題点が大きくクローズアップされた。
　危険性を伴う原子力発電に変えて、自然エネルギーが利用できればどれほど素晴らしいことだろう。
　また近い将来、東南海大震災が予想されている。
　災害時、食料などは備蓄できるが、家庭ではなかなか備蓄できない電力を、いざというとき簡単な方法で誰でも作り出せる方法はないものか。それも、大きな装置を使わずに誰でもできるシンプルなものが望ましい。

　専門の先生方が発表されていることを読んでも難しすぎてよく分からないが、とにかく、何かできることはないかと常々考えている。

　今まで大学教授、国、公立研究所へ足を運んだけれども取り合っていただくことは難しかった。友人、知人にお試しいただいて評価をいただいたものはあるので、それは後年まで

残しておきたい。

　そこで皆様にご賛同いただきながら「自然エネルギーを考える会」を作った。一年に２回ほど講師をお招きしてご教示をいただきながら、研究を深めている。

　なんせ、素人同然のような私が、なんとかしなくてはというやむにやまれぬ心情から、さまざまな教えを思い出しながら試していることである。間違いや思い違いも多々あるかと思うが、参考になるところがあれば参考にしていただき、より良いものをお作りいただければ幸甚である。いざというときにお役立ていただければ、こんなに嬉しいことはない。

　以上のように、私自身、専門的な知識もなく、思うとおりに製品化する技術もなく、資金力もなく、息子に実験器具を整えてもらい、孫に作業をしてもらい、経理担当の妻には小言もなしに費用を捻出してもらい、会員や縁者の方々におおいにサポートしていただいていることに、心から感謝しながら本書を始めることとします。

　（＊）ヘンリー・モレイ（1892〜1972年）は、ニコラ・テスラの支持者でテスラ協会の会員であった。モレイは、宇宙空間に充満するエネルギーをアンテナで受信し、電力に変換する装置を開発していた。

農業用集電装置アトリオーと私（1.75m）

集電装置と孫の智弘（1.81m）

宇宙から電気を無尽蔵にいただくとっておきの方法　目次

はじめに　3

昨今の自然エネルギー事情　12

塗るだけで電力がアップするカタリーズ　12
さまざまな開発が進んでいる　15
大西義弘先生の常温超伝導電気二重層キャパシタ　16
井出治先生の永久機関　17
水を燃やす大政ガス　17
水素燃料自動車　18
ケシュ財団のMAGRAVS　18
水でパンを焼く　19

「UFOはこれで動いているんだよ」　20

関英男先生からの大ヒント　21
21世紀はグラヴィトン（重力波）の時代か？　24
木村秋則先生にお伺いした話　25
珪素について　26
珪素の波動を電気に変える方法（珪素波動電池）　30
波動について　32
鉱石波動電池の展望　33
UFOの飛行原理と水発電　34
鉱石の可能性　39

鉱石粉を複合しためっきを施した磁石 40
　　有害波動について 41
　　鉱石（珪素）の効果、まとめ 42

簡単な栽電方法 47

　　地中から電気を取り出す 47
　　空中からの電気 51
　　水晶栽電 53
　　アルミニウム、マグネシウム栽電 53
　　Ｕ８と岩崎士郎先生 57
　　海水から電気を得る 62
　　酒粕は発電体 62
　　酵素のパワー 63
　　植物発電 66
　　電池への充電 67
　　無電源充電 69
　　コイルによる充電 69
　　風呂桶バッテリー 70

毎日が学び 73

　　神坂先生からのメッセージ 73
　　爪楊枝が大木になった 74
　　外国を視察 76
　　これからの農業 77
　　新しい農業の方向 79

機能性紙　80

　水を燃やす　81

　奇　　跡　82

　世の中思った通りになる　84

　鈴木石　86

　電気は地球から作られる。その源は石である　87

　エネルギー新時代とロバート先生　87

　エアコンが消える日　89

　ソマチットと鉱石パワー　90

　ニュースキャン　91

　珪素水　94

　それでも地球は回っている　96

　政木和三先生　97

　へその緒　99

　プライムクリスタル　101

　鉱石波動栽電　103

　放射能　104

　夢の扉　105

あとがき　107

資料・論文－１（廃棄物学会発表）109

資料・論文－２（進藤富春氏特別寄稿）118

資料・論文－３（珪素医学会資料）143

昨今の自然エネルギー事情

塗るだけで電力がアップするカタリーズ

　自然エネルギーに関して、これまで先生方が発表されてきたことと、私が知りえたことについて振り返ってみる。
　まず、私が自然エネルギーに関心を持つようになったのは、水を扱うめっき業（金属加工）を始めたことであった。
　良い製品を作るには、良い水が不可欠であった。
　40年ほども前のそんな時、友人が丹羽靭負（にわゆきえ）先生が書かれた「水―いのちと健康の科学」（ビジネス社）という本を見せてくれた。
　そこには、鉱石で良い水ができる、特に健康に良いとあったので、参考にしつつ鉱石を使用した水に替えることにした。
　驚いたことに、その水の電位を計ってみると、石を入れる前と入れてからでは電位が0、2ボルトほど高くなっているではないか、
　そうか、元気になるということは、電気が強くなるということか、と合点がいった。
　そこで、電気が強くなるならめっきにも良いはずだと思い立ち、鉱石を入れた容器に水を通して工場用水として使用し

てみたところ、結果は非常に良好であった。

 もっと良い方法はないかと思い鉱石を粉にして錠剤を作り、パイプに詰めて水を通してみた。結果良好、さらに鉱石粉を塗料に混ぜて、水道パイプの外側に、10センチほどの長さにわたって塗ってみた。これも結果良し。

 さらに和紙に漉き込んだり、塗装にしたり、試作を重ねた。

 ペットボトルの外側に塗ってみて水道水を入れたところ、飲みやすくておいしい水になった。

 めっきの中へ入れて複合めっきにした板を作って友達にゆずったところ、「この板の上にマグカップを置いたら、コーヒーがまろやかになった」と報告があり、友人の勧めもあって大勢の人に試してもらうことになった。

 「自然エネルギーを考える会」として、塗料、鉱石漉き込み和紙、鉱石複合めっき板を試験用にお配りしたのだ。

 すると、「ダメになった乾電池に塗ったら電池が回復した」「車のエンジンの近くに塗ったら、エンジン音が極端に静かになり燃費も良くなった」「めっき板の上に止まった腕時計を置いておいたら動いていた」等など、相次いで良い結果報告が入った。

 そこで、鉱石塗料を商標登録することにし、キャタリスト（触媒）という名称にしようとしたところ先願があり、英語でなくフランス語で触媒を意味する「カタリーズ」で登録することができた。カタリーズは以前、フナイ・オープン・ワー

ルドでお配りいただいたことがあり、ご記憶の方もいらっしゃるかと思う。

　晴れて商品にすることになったが、これがそもそもエネルギーにのめり込むきっかけとなったのである。

　そんな時、会員の紹介で深野一幸博士とお知り合いになれて、深野先生の講演会の前座でカタリーズを塗ったことにより回復した電池を披露することになった。
　200名くらいの聴衆の前でその電池を入れた懐中電灯を点けたところ、見事というか、電球が切れるのではないかと思うくらいに明るく輝いて私もびっくり。皆さんからも歓声と拍手の嵐だった。
　ところが、帰宅して再点灯したところ、あの明るさはなく普通の懐中電灯であった。
　この時、大勢の意識は電気的にも大きな電力をもつ、すなわち意識は波動として作用することを発見した次第である。
　またその折、湊弘平さんの永久磁石による電力増幅装置の披露があり、電力の不思議に気付くことができた。

　他にも、カタリーズの姉妹品にカタラ粉末とカタラ錠があるが、過去の実績としては、塗装工場で1センチほどの錠剤であるカタラ錠を100個、塗装ラインの水の改良に使っていただいたところ、不良率が激減したとご報告いただいた。

関連会社でご採用くださって、「何年くらい持つかね」と尋ねられたので、「使われ方にもよりますが、20年くらいは大丈夫と思います」とお返事していたところ、実際に、20年たって追加注文をくださった。

　また最近、ペロブスカイト太陽電池という、塗るだけで発電できる電池が開発されたという報道があった。例えばオフィスビルや電車の窓、車などに塗布すれば、そこで発電できるようになるという。
　いよいよ自然エネルギー解禁であろうか。

さまざまな開発が進んでいる

　深野一幸先生が2000年8月に「ここまで来た！宇宙エネルギー最前線」（成星出版）という本を出版されている。
　そこには、湊弘平さんの増幅器も紹介されていた。
　永久磁石によるモーターについてはこの他にも、末松さん、飯島さん、北吉さん等何人もの方がチャレンジされているが、大きな進捗は聞いていない。
　ほんの、16年前のことである。

　1995年くらいに、イギリス・ウェールズ大学のロバート教授が排気ガスを再燃料化できる装置を開発したと聞き、お

訪ねして装置を見せていただいた。

その時教授が、「私がこれを発表したらひどい目にあった。エネルギー、食糧、医薬品については、くれぐれも注意しなさい。とんでもない目に合うよ」とおっしゃっていた。

意味がよく分からなかったが、世の中の仕組みを急激に変えることの難しさを教えられた。

私が、水で走る自動車ができそうだと言ったら、アメリカの友人が「やめたほうがいいよ。アメリカでも何人もの人間が水で走る車を作ったが、みんな不思議とできた途端に亡くなっている」と言うのだった。

大西義弘先生の常温超伝導電気二重層キャパシタ

また、やはり1995年頃であったか、深野先生の紹介で大西先生にお目にかかり、開発されたキャパシタを見せていただいた。

充電時間10秒で2時間点灯するキャパシタという電池を見せていただいた時、「アメリカで特許がおりました」と喜んでいらっしゃったのでぜひゆずっていただきたいとお願いして3個ほど持ち帰った。

キャパシタの外周に、縦の方向でも外周でもよいが5〜10ミリ幅のテラテープ（テラヘルツ鉱石を練りこんだテープ。テラヘルツについては後述）を接着したところ、電位の

上昇が確認できた。しかし、超伝導充電のように速いスピードは得られなかった。

また、普通のコンデンサーについても同様に、電位の上昇を確認した。

井出治先生の永久機関

井出治先生は、第三の起電力という永久機関を開発されたそうだが、実用化された現物は見学に行けないでいる。

井出先生にはお目にかかった際にフリーエネルギーについていろいろお話いただいたが、ちょっと難しすぎて理解できなかった。大掛かりの装置であり、私どもでは手の届く代物でないので、見学していない。

水を燃やす大政ガス

「OHMASAS-GAS」とは、水の電気分解によって生まれた CO_2 排出ゼロのクリーンエネルギーとのことである。開発者の、大政龍晋（おおまさりゅうしん）先生の装置等を勉強したいと思いお電話したところ、「お久しぶり、お元気ですか」というお返事であった。私は気付いていなかったのだが、私どもの工場の設備をお願いしたことがあった設備メーカーの社長さんだった

のだ。ああ、あの方であったのかと懐かしく思った次第である。

　大政社長は、水に特殊な振動を与えたら水素と酸素の混合ガスができて自動車の燃料になり、またこの燃料に炭酸ガスを混ぜると炭酸ガスが燃料になり、自動車を走らせることができたと「地球を変える男」（JDC 出版）という著書で発表しておられる。

水素燃料自動車

　トヨタ自動車で販売されたが、現物は見ていない。
　後述するが、車に水を積んでおき、走行中にその水を分解する技術が利用できれば、非常に利便性が高い。

ケシュ財団の MAGRAVS

　ケシュ財団が「フリーエネルギー装置」を売り出したと聞いていたが、今度はその設計図を完全無償で公開したと言う。
　財団側では特許を申請していないそうなので、一般の方がおおぜい作成を始めており、ネット上でその工程など発表しているようだ。今後、おおいに期待できる装置となっているので、これからも注目していただきたい。

水でパンを焼く

　愛知県春日井市にある、水でパン焼いているお店を見学させていただいた。見た目は普通のパンと変わらない。おいしくいただくことができた。
　使用されている方法は、過加熱蒸気というそうだ。水を熱すると蒸気になるが、蒸気を温めると鉄でも溶かす温度になるという。
　大政社長も炭酸ガスを使用されているそうだが、かつて、二十年ほど前にイギリスのロバート教授が炭酸ガスの燃料化装置を開発したらひどくたたかれたとおっしゃったことを思い出し、時代は変わったのかと思われた。
　アメリカでも半世紀ほど前に、水で走る車でアメリカ横断した人が完走祝賀の乾杯をした途端「やられた」と言って突然亡くなったとか。
　また、三十年ほど前にアメリカで充電のいらない電気自動車を作った人がいたがつぶされたと本で読んだ。(「ニコラ・テスラが本当に伝えたかった宇宙の超しくみ」井口和基著・ヒカルランド)

　その他、インターネット上では数えきれないほどの技術が紹介されている。

「UFO はこれで動いているんだよ」

　地球が大きな蓄電池だとすると、そこに蓄えられている電池はどこから取ったのだろう。
　それは、地球を取り巻く大きな宇宙という発電所からではないだろうか。
　宇宙にある電気を、地球が取り込んで蓄えているのだ。
　目の前の空気も、田んぼも畑も、山も川も、海も空も、ご飯も、味噌汁や風呂桶も、みんな電気の塊、いつまでも使える乾電池だ。どこもかしこも、電気を使われることを待っている。
　それも、誰でもできる簡単な方法で、いつでも電気ができるということが分かった。
　地中から電気を取り出す。空中から電気を取り出す。
　他にも、乾電池等をできるだけ長く使う。

　これらについて考えてみた。
　電池というと、学校で習ったボルタ電池を思い出すのは私だけではないだろう。電池とは、2種類の金属を用いてそれぞれの金属のイオンへのなりやすさの違いによって電流を取り出すというものである。

ボルタの電池では、亜鉛板と銅板を使い亜鉛板が－極、銅板が＋極となって、電流が流れる仕組みになっている。
　以前、工学博士の東 學(ひがしまなぶ)先生に、石の粉と水だけで豆電球が点くのを見せていただいた。
　その後、いろいろな石を試して、石の種類の組み合わせによって電流の多い少ないの違いがあることなどを確認しつつ、豆電球を点灯させて楽しんでいた。

　そんな時、あの東日本大震災があり原発が大問題になった。こんなふうに石を使った技術の延長線に、安全で誰でもできる、もっと大きな電力が得られるようなものはないかと考えるようになった。

関英男先生からの大ヒント

　以前、トータルヘルスの近藤社長さんのお供をして世界的に有名な電気博士の関英男先生をお尋ねしたことがある。
　先述の、鉱石と水で電灯が点くものや、鉱石粉を混ぜた塗料をダメになった電池に塗って復活したものを研究室で見ていただいたのだが、その時関先生が、
　「UFOはこれで動いているんだよ」
　とおっしゃって見せてくださったものがあった。
　それが、水晶だったのだ。

思考の落差があまりにも大きすぎて言葉を失っていると、
「宇宙空間にはエネルギーが充満しており、水晶がその取り出し役」と続けて言われた。

　先生は、「アメリカ超常旅行」（工作舎）という著書で述べておられるように、第一回UFO国際会議に出席されて世界の宇宙科学者と交流されている他、アダムスキー型宇宙船に乗って金星人と会い、UFOで地球外天体を訪問したことのあるアダムスキーと、直接交流のあった方とも知り合われた。
　また先生は、カナダのオスカー・マゴッチ氏と宇宙船に乗り（「オスカー・マゴッチの宇宙船操縦記」［明窓出版］参照）、宇宙人とともに宇宙を旅された経験もお持ちである。

　以前は、丹羽靭負先生の「水」という本で読んだトルマリンが主体ではないかと思っていたのだが、水晶だと言われたので、どうして宇宙を飛び回る宇宙船のようなものを動かせるほどの大容量の動力が水晶から得られるのかと、考え込んでしまった。
　水晶といえば、珪素(けいそ)の化合物又は酸化物である。しかも水もいらないということではないか。
　考えられることは、原子転換か、珪素触媒、太陽光発電、熱、波動、そのどれか、またはその全てかなどと考えていると、
「ヨーロッパなどの教会の尖塔近くは非常にパワーが高い

んだよ」と言われる。

　また、ピラミッドのパワーはよく知られているところであるが、尖塔の近くはパワーが一番高いともおっしゃられた。

　ピラミッドやヨーロッパの教会は石でできていることが多い。そのとがった尖塔は、ポイントのパワーがあるようだ。ポイントについては水晶がよく知られているが、例えばナチュラルポイント（単結晶）の水晶はエネルギーを集約する性質を持っており、心身にエネルギーを与えたり、ネガティブなエネルギーを取り去ったりするという。

　関先生は、珪素の波動が未来の動力源だよと教えてくださったのではないだろうか。

　あの、高速移動をするUFOといわれる飛行体の動力源が珪素であったとは、思いもかけないことであった。と同時に、私がそこに持参した鉱石電池も、鉱石に含まれる珪素で電気を起こしているというわけだったのだ。

　勉強材料としてたくさんの本をいただき、宇宙のこと、宇宙船のことなど非常に興味深いお話を伺って、再訪を約してわくわくしながら帰宅の途に着いた。

　それから一か月後、先生は九十六歳の生涯を閉じられたのだった。

　本当に、惜しい先生を失って残念だけれども、このような貴重なお話が伺えて、これ以後の実験の方向にはっきりとし

た目標がいただけたことは、本当にありがたかったと感謝している。

21世紀はグラヴィトン（重力波）の時代か？

　関先生は「これからはエレクトロニクスからグラヴィトンの時代になる」と、「心は宇宙の鏡」（成星出版）というご著書でおっしゃっていたが、そんな高度な話はただびっくりするだけであった。素人の私にはグラヴィトンがどのようなものか定かではないが、水晶が宇宙にあるグラヴィトンというエネルギーをキャッチして、電気エネルギーに変えてくれるという意味に受け止めてみた。
　また、最近アメリカの航空宇宙局で重力波グラヴィトンをとらえたというニュースが発表された。100年前に、アインシュタインが予言していたとか。
　UFOは重力波で飛んでいるという定説もあるが、まさにその重力波がとらえられたということは、新しい時代の幕開けではないだろうか。

　私の簡単な実験で、水晶で電位を観測できたということは、水晶は重力波の受電体であり、鉱石の波動というものは、鉱石中の珪素がとらえた重力波そのものではなかろうか。
　そして、鉱石の波動を人間が感じるということは、鉱石を

通して宇宙の重力波を人間が感じるということであって、まさに「心は宇宙の鏡」そのものではないか。

　波動を通して重力波が分かれば、21世紀はまさに重量波の時代、心の時代と言えるだろう。
　保江邦夫先生は、ロシアにはUFOがあるが人間では操縦できないと述べられている。
　石には意志があるとは常々思っていたが、重力波が心と一体とするならば、石の心が分からなければ、石を通しても重力波は動いてくれないのではなかろうか。
　まさに、UFOの飛行原理がおぼろげながら見えてきたように思われる。

木村秋則先生にお伺いした話

　そんなある日、「奇跡のリンゴ」の著者でリンゴ農家でいらっしゃる木村秋則先生がUFOにお乗りになったとお聞きし、横浜の講演会場に先生をお訪ねしてみた。主催者にお願いして、特別に講演の後にお話する機会をいただくことができた。
　UFOに乗った時の様子をお伺いしたところ、迎えにきたUFOの中には、金髪の女性ともう一人男性がいたらしい。
　宇宙船の動力源はなにかと尋ねたら、

「ケー」
と言われたそうである。
「ケーといえば『カリ（カリウム）』だわね。カリが燃えるかねえ」
とおっしゃったので、
「何語で話されたんですか」
と尋ねると、日本語だったとのこと。
「日本語でけーといえば、珪素ではないですか」と言ったところ、「珪素にしても燃えるかね」と不思議そうにされていた。

そこで、関先生から伺ったお話もしてみたが、このことはその後の著書にもお書きになっていた。

私としては、宇宙エネルギーは珪素で取り出すことができるとあらためて納得することができた。

ついでながら、金星人は地球の将来を危惧し、核エネルギーに変えて宇宙エネルギーの取り出し方を伝えたかったようであるとおっしゃっておられた。

珪素について

関先生のおっしゃった水晶についていろいろ勉強してみたが、関先生に見せていただいたものはカットした天然水晶の薄板を細い銅線でつないだものであった。

その時、何冊かの著書をいただいたのでそれらしきところを読んでみたけれど、ダブルポイントといって、天然で両端がとがっている水晶がパワーが高いとあった。
　そこで採石の産地、ブラジル在住の知人である斉藤多賀子さんに、30個ほどお願いして探していただいたところ、そんなにたくさんはないとのことであった。
　斉藤さんの弟さんの猛さんが数個を持ち帰ってくださったが、その中に1個、雷に打たれたという結晶があった。
　たまたまだが、取引先で超パワー感知能力の持ち主の高須正一郎さんが仕事で来られた折にお尋ねしたところ、
　「これは素晴らしく波動が高い」
　とのことで、さらに極性についても雷が入ったと思われるポイント（天空）がマイナス（陰極）とのことであった。

ダブルポイント

宇宙から電気を無尽蔵にいただくとっておきの方法　27

ダブルポイントの入手が難しいので、なんとか普通の水晶のかけらで代用できないものかと考えた。通電すれば同じような結果が得られるのではと期待して、水晶のかけらのとがった部分を起点にして直流電気を流してみたところ、極性も定まり30分ほどの間、電流の取り出しが可能という電池効果が確認できた。

　さらに、棒状コイルの先端に、鉱石粉を複合させた金めっきを施した円錐(えんすい)を取り付け、円錐が上になるようにセットして未処理の水晶をコイルに接続したところ、170～750ミリボルトの電位を計測した。

　また、天然水晶を輪切りにして銅線でコイルにつないでみると、1枚で2、8ミリボルト、2枚で18、2ミリボルトを計測した。

　アース線の必要もなく、空中で電気を得られる最良の材料が水晶（珪素）ではないかと考える。

　だが、この方法で宇宙船（UFO）に人間を乗せていけるようなパワーを得るのは大変なことである。

　ならば、水晶の形を変えた、珪素ではどうだろうか。
　珪素、珪素と思いつついろいろ考えていた時、東先生に「珪素水」をテーマとした珪素医学会を紹介いただいた。
　それから珪素医学会の勉強会にも参加する機会をいただ

き、いろいろと試したこと等について発表させていただいた。
　しかしどう考えても、珪素水では宇宙船の動力源にはなりえない。
　「重量対パワー」で考えると、珪素の水ではなく、「波動」以外にはありえないという考えに達した。
　波動で動かすメソッドが「できました」と申し上げたいところではあるが、まだ至ってはいない。

　まず考えなくてはならないのは、以下である。
　１、珪素の波動を取り出す方法
　２、それを反重力に結びつける方法
　３、有害電磁波が出る場合にはそれを除去する方法

　そしてこれを応用して生活に役立つものとし、さらに誰でもありあわせのもので安価に手軽にできる、簡単な方法を確立したい。
　もちろん、全くの素人の私でもできることなので、もともと難しいはずもない。
　テストして分かったことについて述べるので、皆様のご批判を仰ぎ、間違っていないと共感いただける専門の方がいらっしゃれば、進化、開発していただければ幸甚である。

珪素の波動を電気に変える方法（珪素波動電池）

　珪素波動電池は、珪素、または珪素を含有する鉱石に水を作用させ、起電力を利用した電池である。

　作成するにあたって、まずは天然石の水晶をナノ粒子に細粉化することで軽量化して、以下の方法で研究してみた。

　１、これを塗料に混ぜて塗布する方法
　２、この塗料をテープに塗り使用する方法
　３、ナノ粒子を金属めっき液に分散して、めっきするものの上に水晶の粒子を複合した金属めっきの被膜を作る方法

　水晶以外の天然石（トルマリン、角閃石（かくせん）、姫川石、ブラックシリカ、雲母など）についても、同じように試してみた。また、植物炭などのナノ粒子で試みたが、得られる電位は１～２％の差であった。それよりも、電極の種類の違いのほうが重要のように感じられた。
　例えば、木製の桶、ガラスやプラスチック容器、コップなどの容器の外面に塗料を塗布、または塗料を塗布したテープを接着し（以下塗料等）陽極に銅、陰極に鉄をセットしたところ極間距離や材料の種類にもよるが０、３～０、５ボルトを計測した。

テスト用空間エネルギー取込装置

　これに水道水を注入したところ、1、5〜2、1ボルトを計測した。
　さらに、陽極にカーボン、陰極にマグネシウムを用いたところ、2、1ボルトを計測した。
　容器の素材については、木製、プラスチック、紙、どれでも同じであった。
　次に紙、プラスチックの筒に塗料等をセットし、銅、アルミニウムをコノル（＊）にして1〜2センチ離して電位を計ったところ、0、5ボルトを計測した。
　これは、酸、アルカリなどの化学物質を使用しないので、誰でもできる栽電方法ではないかと思われる。浴槽もまた、身近な発電所になるのではないだろうか。
　いずれにしても珪素の波動を電気エネルギーに変換したものと考えられる。

　以上のことから、天然石などの波動の電位でも、複数個接

続すれば照明器具くらいは利用できると思われる。既存の電池は、酸、アルカリなどの薬品、さらに電極としてレアメタルなどを必要とするものがほとんどだが、それらを全く必要とせず、かつ水を補給すればいつまでも使用できる長所がある。

　天然石とコイルについても、一考の要がある。

　（＊）コイルについて、その金属の種類、線形、それに清家新一先生のおっしゃられる反重力をもたらすメビウスコイルや進藤富春先生の単極磁石を連想したり、リニアモーターの浮揚技術を連想するけれども、これは私には難しすぎるので考えないことにする。

波動について

　「太陽光も波動であり、太陽光と同じ波動を与えれば暗闇でも太陽光パネルで発電できるはずである」と、橘高啓先生をお招きしての講演でお話があった。

　橘高先生は、新潟県糸魚川の姫川石という波動の高い石を紹介しておられることから、鉱石の波動とその影響、利用法についてご講演をいただいたのである。

　姫川石はヒスイ系の石でほんの少しラジウムを含む。人工の放射能は害があるけれども、天然のものには害がないとの

ことであった。放射能とは波動の一種で、あらゆるものに波動があり放射している（詳しくは「自然放射線と人工放射線」〈明窓出版〉参照）。

　もちろん動物にも、植物にも、鉱石にも固有の波長があるということである。

鉱石波動電池の展望

1、先進性
　本開発は天然のものを主体とし、レアメタルなど特殊なもの、また酸アルカリなどの薬品を必要とせず、危険性は低い。災害時でも簡単にできる技術であり、一般的に普及させるのは容易と思われる。

2、波及効果
　家庭用電気、小型電子機器、電池など、新しい製品開発の基礎に発展する可能性が大きい。

3、市場性
　発電や電池といえば化学反応、希少金属を考えることが多かった。
　しかし、近年に発明された太陽電池は、光の波動がシリコン（珪素）を介して電気に変換されるものである。

そこで、珪素を含む鉱石から光に近い波長をもつものを選択すれば、鉱石そのものが太陽電池の役割を持つはずである。太陽光が必要なければ昼夜を問わず電気が得られるし、太陽電池と併用すれば大きな電力が得られ、新しい市場が開けるのではないかと考えられる。
　例えば、これにペルチェ素子などを接続すれば、暖房にも冷房にも利用できる。

UFOの飛行原理と水発電

　水晶をどのように利用して動力源にしているのだろうかと、いろいろ考えてテストしても浮揚体を動かすエネルギーは出てこなかった。
　ただ、水晶の波動で電気が得られることは確認できた。

　そして、ネットで調べていると、「世界の真実の姿を求めて！」というブログで「プラズマでUFOを動かす原理？」という記事に出会った。
　そういえば、後ほどご紹介する神坂新太郎先生が、戦時中にドイツ人ラインホルト博士といっしょに、プラズマ兵器と宇宙船を作って飛んだということをおっしゃっていたのを思い出した。

私のような素人にはプラズマなどというものは手が届かないものであるが、珪素、石の波動で水を簡単に分解できることは失敗の中から確認している。

　清家新一博士著の「UFOと新エネルギー」（大陸書房）の中で、アメリカのヘンリー・モレイ博士は宇宙空間に充満するエネルギーをとらえていたとあった。

　地上の人間一人当たり、150万個の100ワット電球を灯すほどのエネルギーが地球に来ていると彼は言う。

　そのエネルギーを使用するには発動機も、どんな種類の燃料も必要としない。

　このエネルギーは直接的に、航空機、大型船舶、他どんな種類の輸送機関でも汲み上げうる。熱、光および動力が、あらゆる種類の機械や、建物でも利用できるという。

　これを読んで、この応用で誰でもできる簡単な装置を開発し、いざというときに役立てたいと切に願った。

　石に水を注いで電力が得られたことから、水で走る車を考えたことがある。

　薬品を使わず水だけで発電できるメリットはあるが、いかんせん重すぎた。

　石を細粉化して塗料に混ぜて塗布した先述のカタリーズで、劣化した乾電池の再生を確認していたことから、他の実験もしてみた。

　容器の外側にこのカタリーズを塗布して電極をセットし水

道水を注いだところ、電極の種類によって、１、４ボルト〜２、２ボルトが得られることを確認した。

　また、直接塗布をせず、カタリーズをテープに塗布してから接着したところ、やはり同じ効果が得られた。

　この延長線上に、厚さ１ミリ程度で珪素波動水電池が作成できることが見えてきた。

　いざ災害という時に、誰にでも緊急電池が作れるようになるのではないか。

　珪素すなわち「石」、ならばカタリーズは有効と思える。

　カタリーズは液状だったため、いろいろご苦労をおかけしていたのだが、扱いやすいものにするために触媒テープの形にしたのでぜひお試しいただきたい。

　このテープをコップに貼れば入れた水がまろやかになる。また、容器の外部に貼って水道水を入れ、中に電極をセットすると電位が確認できた。それも乾電池の電位を上回る１、７ボルトを確認した。

　「フリーエネルギーはいつ完成するのか」（明窓出版）という本の中で、品川次郎先生も、

　「エネルギー問題は水晶が解決する」と書いておられた。水晶から高周波エネルギーが得られることを確認したと述べておられる。

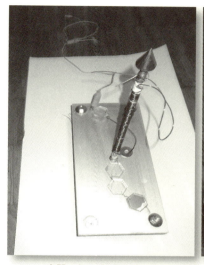

空間エネルギー取り出し　　　　エネルギー集積装置と水晶

テスト用空間エネルギー取込装置

宇宙から電気を無尽蔵にいただくとっておきの方法

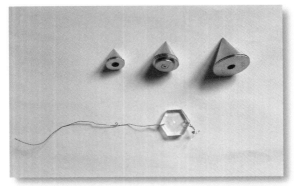

円錐と水晶

　神坂新太郎先生、関英男先生、木村秋則先生の流れを総合して考えると、これしかないと思えるようになった。
　すなわち、コイルに接続して蓄電池とするのに、水晶が有効であるらしい。

　これならば、空中から得られるエネルギーを電気に変えて空中で蓄電することができる。
　さらに、一部のコイルを変更することによってプラズマを発生させ、このプラズマによって反重力と強力な推進力が達成できるのではないだろうか。

鉱石の可能性

　鉱石の波動で電気が得られることを確信したところで、地球上では、動物も植物も電気で動いており、その電気の波動の源は、鉱石、すなわち珪素であろうと考えている。
　関先生がUFOは珪素で動いているとおっしゃるのも納得である。
　また、ある種の鉱石をナノ粒子にするために、セラミック製の容器にセラミックボールと水を入れ回転振動を与えたところ、突然爆発してセラミック容器が壊れてしまった。
　これは鉱石の波動電気が水を電気分解して、水素と酸素の混合気体が膨張して爆発したと考えられる。
　関英男先生、木村秋則先生のおっしゃったUFOの動力源が珪素というのは、還元珪素を熱または振動によって分解し、(巻末「珪素医学会発表資料」参照) これを燃焼して動力源にするということだろう。出てくるのは水であり、これを再利用して分解する、という永久機関ではないかと考えられるがいかがであろうか。

　珪素と珪素の波動が、これからの地球を救うのではないだろうか。
　珪素と並んで、同じ炭素族の炭素、ゲルマニウムも珪素に勝るとも劣らぬテラヘルツ波の重要な波動物質であることも忘れてはならない。

鉱石めっきの種類

　そして、船井幸雄先生に、鉱石めっきを施したものにパワーリングと名付けていただき、車に取り付けると走行性能が良くなる、持っていると体の調子が良い等などのご評価を皆様からいただて、ありがたいと同時に私も護身用具として大切にコツコツと、楽しく製作している。
　図らずもその延長上で新しい電池ができているとは、船井先生始めたくさんの方々のおかげであると、感謝にたえない。

鉱石粉を複合しためっきを施した磁石

　鉱石粉を複合しためっきを施した部品を電気回路中に設置したところ、電気性能が飛躍的に向上したことを確認してい

る。さらにこの部品を磁化したところ、数パーセントの性能向上が確認できた。

この部品をバッテリーを始め電気回路に利用すると、その他の機械性能も向上した。水、油脂などの液体搬送パイプなどに設置してみて、やはり性能改善を確認した。

めっきの種類は、金、銀、銅、ニッケル、亜鉛などいずれでもよいが、試験をしたのは銅、ニッケル、金であった。

有害波動について

天然物について、その波動は人間や生物にとって有益な波動であることが多い。

新納清憲（しんのうきよのり）先生が提唱されているテラヘルツ波と考えられるが、このテラヘルツ波は、実験の結果、有害な電磁波を減らすことができるとおっしゃっていらしたので、天然波動の長所といえるのではないだろうか。

ちなみにテラパワー（テラヘルツパワーの略）は遠赤外線よりも幅広く、有用光線とされる鉱石などの波長により体温を上げるなどの効果があるとされている。

鉱石と金属との共析めっきをする他、布、紙等に漉き込むなどの方法で、衣類、下着などへの利用が図られているようだ。例えば、ブラジャー、肩パット、パンツなど。

なお、最近は医療にも採用されている他、空調関係にも利

用され、ラジエーターと連動することにより、1個のラジエーターで家じゅうの空調がまかなえる技術が開発され、実用化されている。(「ザ・フナイ」2013、9月号より)

　また、橘高啓先生も、人工の濃縮した放射性物質は有害であるが、放射線を出している天然鉱石には害がないとおっしゃっている。
　例えば、天然石のナノ粒子を金属めっきに分散共析させたものを携帯電話に接着して計測すると、有害電磁波が半減する他、この電話を受信した電話機の電磁波も半減したとの報告もある。
　そこで、天然物については有害性を考えなくてもよいのではないか。というよりも、有益物と考えられるようだ。
　そしてその発する光もまた、生き物の成長波動ではないかと考えられるがいかがであろうか。
　後述するが、塗料等を塗布した容器に入れた種苗は、発根、発芽が良好である。

鉱石（珪素）の効果、まとめ

　天然鉱石の素晴らしい効果についてまとめておくことにする。
1、栽電ができる。
　鉱石紛体に天然水を添加したところ、ブレンドの種類によ

り、1電極あたり1ボルト～2、5ボルトを確認

2、ブレンド鉱石粉共析めっきの効果
（1）電流効率の改善。工場等によっては、作業時間が短縮される。電気自動車、燃料電池自動車では、受電時間が短縮される。

（2）水の改善による製氷製品の改善。鉱石めっきした金属製品を製氷用水の中に入れると、気泡の少ない氷が速くできる。

（3）めっきされた鍋で作る天ぷらは、速く上がり、味も良くなる。同じように、鉱石めっき金属を天ぷら鍋に入れると、半分の時間で天ぷらができ、油も劣化が少なく通常の倍ぐらい使用できるので、業者が利用してくださっている。

（4）有害電磁波の吸収効果

（5）癒やし効果（ラドン温泉など）

（6）エンジンの燃費向上

3、農業・畜産業
（1）植物や畜産物の成長に、良い効果がある。悪臭も軽減される。

（2）発芽が良くなる。作物の味が良くなる。組織培養の可能性がある。

（3）農地の電位が上がることで、害虫が電気を嫌うので防虫効果がある。

（４）農薬、化学肥料がいらなくなる。農薬は有効微生物、酵素を殺し、化学肥料は有効珪素の効力を減殺しているのではなかろうかと推測している。

4、工業
　ある種の鉱石は潤滑性、耐摩耗性の向上に利用されている。また、撥水性に着目した防水材として雨具などに用いられている。

5、建築
　波動の高い鉱石をコンクリートの骨材として、また壁材に入れて使用すれば、暖房の効率が上がり、融雪効果も期待できる。もっと研究すれば多方面の用途が期待できる素材である。
　拙著「大地への感謝状」（明窓出版）の東學工学博士の特別寄稿、「トルマリンによる環境浄化技術」を参照願いたい。

6、土壌改良および汚染土壌の改良（農地や家庭菜園でも）。

7、調理
　（１）鉱石を作用させた水（珪素水）を使用すると、料理の味が良くなる。
　（２）鉱石メッキ金属を入れると煮物、揚げ物の料理時間が短縮される。揚げ物の油の劣化が軽減される。

8、鉱石を身につける、又は珪素水を飲むことによる健康増進(特に血管に良い)。

　病気の癒やし効果（ラドン・ラジウム温泉等。ご家庭のお風呂に入れても効果が認められる）。医療として珪素水で病気を治療されているお医者様がいらっしゃるとのことだが、詳しくは珪素医学会の先生にお尋ねください。

9、珪素水の噴射による、虫刺され、湿疹(しっしん)等のかゆみの改善。
　蜂に刺された時にも、痛み、腫れが減少する。

10、水の分解能力があり、永久に循環させられる。

11、劣化電池の再生充電。

12、珪素水をディーゼル油に添加すると、排気ガスがクリーンになる（ノコソフト＝排気ガスの浄化を目的とした添加剤）。

13、珪素水を空中に噴射することにより消臭、空気の改善

　等など。

　＊注意事項　光線治療器など火花を伴う電気機器については、火花が非常に大きくなり危険を伴うので、絶対に使用してはならない。

鉱石（珪素）のことを総合して考えると、宇宙船の動力源が珪素（水晶）であると関先生がおっしゃったことも、うなずける気がする。
　また、井出治先生が、月の裏側では自動車には車輪がなく宙を飛んでいるとおっしゃっていたが、それも不可能ではない。
　これは想像であるが、宇宙船や自動車の外壁に波動石の塗料等を塗布し、内部に電極金属をセットしておけば、外部の有害電磁波を遮断して内部のものを保護し、動力源になって飛行できる。
　空想するだけでも面白い夢である。

簡単な栽電方法

　さて、夢はさておき、現実の問題として簡単に栽電できる方法を次に紹介する（「大地への感謝状」P30〜35、P76〜81参照）。

地中から電気を取り出す

　二十年ほど前に、農協から０、６アールの田んぼを借りて無農薬、有機栽培の実験をしてみた。これは「大地への感謝状」にも書いたが、除草剤の代わりに使い古しの天ぷら油、肥料としてEM技術で処理した米ぬか、それと波動を高めるために農業用に開発されたという鈴木喜晴さんという方が紹介しておられた鉱石の粉を60キロ散布したところ、１アール当たり60キロの米の収穫があった。「除草もしないで田んぼを荒れさせては困る」とも言われていたが、実際は通常の20パーセントの増収だったのだ。

　鉱石波動の効果で稲の生育も良く、茎も太く風が吹いても倒れない強い稲になっている。

　それから、稲刈りの後の稲株から成長した二番生えの稲株

から生長した稲が、二か月で穂が出て20キロの二番収穫が得られた。施設にも寄附をさせていただいたところ、「おいしかった」と喜んでいただけた。

　この稲は一本の稲の節から芽が出て、二本三本と穂ができる。

　この石の粉を野菜や果樹に与えると甘みがあって一味違うものになると評判が良く、高値で売れるとかおっしゃる方もあるが、ミカンだけは甘みは強くても腐りやすいという欠点があるらしい。

　また、果物では着果が良く、花卉(かき)栽培では、花の数が多く色も鮮やかになるとのことであった。

　石の粉を紹介してくださった花卉園芸をされている鈴木さんのお話では、この粉は数十年前に薬科大学で先生が医療用に開発されたが、薬品基準に合わずに土壌改良材としてお出しになったという。

　やはり素晴らしい土壌改良剤であり、これを使われた胡蝶蘭(こちょうらん)栽培の方が、胡蝶蘭の細胞組織培養で育てた苗で一本の株で100個以上の花が付いたとおっしゃっていたのを聞くと、細胞増殖にも効果があり、着花にも良いということだと思う。

　また、種のいらない農業としてこの水を使って稲や野菜の発芽試験をしたことがある。

　使用法としては、鉱石粉を農地1アール当たり10 kgを目安に散布した。種のいらない農業として先著「大地への感謝状」にも述べたが、専門の方は90％の確率でも、素人の私

では20％がやっとだった。

　その他の用途として
　1、飲料水として、1リットル当たり大さじ2〜3杯を弱火で数時間煮出した水を使う。飲み水としてもおいしいし、炊飯、煮物、味噌汁に使うと味が引き立つ。
　2、植物には葉面散布でもよい。
　3、バラの花は色がきれいで、花数も多い
　とのことだが、木の寿命が短くなるのではないかと伺った。

　農協から田んぼをお借りしてから約十年実験栽培をさせていただいて、年齢も七十歳を超えたので田んぼをお返ししたところ、それから十年以上たった今でもその田んぼは収穫高が普通と違うらしい。
　出来栄えもまた違うことは、稲を見るだけで分かる。
　そこで先日、月刊誌「アネモネ」（ビオ・マガジン）から取材を受けた折に、田んぼに金属電極を入れて電位を計ったところ、1、7ボルトを計測した。
　ちなみに、道を隔てて隣の普通栽培の田んぼは1、3ボルトであった。
　つまり、地球電池のこのへんの田んぼの電位は1、3ボルトということだ。
　しかし、波動の高い石（珪素）を補給すれば電位を上げることができる。

しかも、二十年以上たってもその効果は変わらない。

今現在も電位が高いので、水田発電所といえるのではないだろうか。鉱石の主成分である珪素の効果も高く、この田んぼでとれた米は一味違うと皆さんが評価してくださる。

ただ、休耕田は電位が低く、水分の量にもよると思われるが私が計ったところでは０、９ボルト以下で、発電所として適さないと思われる。

また、畑についても雨上がりと日照りの時とは大差があり、一定しないので適さないと言える。

また、これは余談で発電とは関係ないが、テストしてみたところ、真夏の35度以上の日照りには、稲一株当たり一日２リットルくらいの蒸発がある。気化熱の効果で、周囲を涼しくすることができている。

さて、地球電池から電気をいただくには、珪素の波動が好影響を与えるらしいということが分かった。

また、畑とか山、庭などは水分の量、発酵菌の量によって電位に大きな差があり一概に言えない。味噌、焼酎、酒等の発酵菌やそこの土壌菌の有無によっても差があり、また火山灰等といった噴出物には素晴らしく高い電位を観測できる。また、土壌にはもともと珪素があり、堆積した落ち葉、老化植物は天然微生物醗酵酵素となっている。

「地球は大きな蓄電池」とニコラ・テスラが言っていたという知識は、井口和基先生が翻訳された「未来テクノロジー

の設計図 ニコラ・テスラの[完全技術]解説書 高電圧高周波交流電源と無線電力輸送のすべて」(ヒカルランド)から得た。

　だから、地球バッテリーから電気を取り出せば、誰でも使えるわけである。

　その取り出し方について考えてみる。
　地中に電極をセットする方法が一番分かりやすい。
　例えば、水日に陽極としてカーボン、陰極としてアルミニウムまたはマグネシウムをセットするとよい。土壌、水量によって異なるが、1電極あたり1、3〜2、1ボルトが得られる。
　さらに、この電極は植物の生育を助け、害虫の嫌電効果により害虫防除の役割もあると思われる。
　ただし、減反政策のため隔年栽培しかできないので、常時栽電は難しい。

空中からの電気

　まず第一に考えられるのは、現状行われている太陽光発電である。これについて異論はないし、説明するまでもない。しかし、これには太陽光、つまり光が必要である。
　橘高啓先生の、

「光と同じ波長を与えれば電気が取れるのではないか」
とのアドバイスでいろいろ挑戦してみたが、単に石の波動では太陽光発電のパワーには程遠いものがあった。

そこで、関英男先生の尖塔理論というか、ピラミッドというか、尖塔アンテナで試してみたが思うようにパワーは得られなかった。

さらに、鉱石粉を塗布した巻紙の芯に、三ミリの銅線をコイル状に巻き、２センチほどの間隔をおいてアルミニウム線のコイルを置いて計測したところ、０、５ミリボルトを計測した。

鉱石の種類を代えて試したところ、最高で１、２ボルトであった。縦に並べても横でもボルトの差はなかった。

鉱石芯コイルは十分、研究に値するものと考えられる。

それと、先述した、外面に鉱石塗料等を塗布した容器に電極をセットして計測したところ、電位を確認しているので、この方法もまた有望ではないかと考えている。

それと、小型、薄型電池についても一考する必要があるのではないかと考える。

こうして、宇宙、空中からも電位が得られるような取り出し方法が分かれば二四時間電気が得られ、太陽光発電と並んで有望と思われる。さらに太陽光をしのぐ可能性すらある。

水晶栽電

　水晶粉をめっき、または塗装の方法で容器の外面に塗布し、内部に水を入れ電極をセットすると電位が得られることは先述したが、これは波動栽電である。
　この栽電方法でなく、関英男先生のおっしゃった水晶の起電力というものについて実験をしてみた。
　先述したとおり、ポイントといって両端のとがった天然結晶を薄く輪切りにした水晶板を用いてコイルに接続したところ、電位を計測した。
　これがUFOの飛行エネルギーになるかどうかは別にしても、電気が得られることは確認できた。

アルミニウム、マグネシウム栽電

　珪素波動電池の項でも少し述べたが、応急栽電について陰極をどこでも手に入るアルミニウムに絞って実験してみた。その結果を以下にまとめる。

（1）炭素（炭素棒、備長炭、竹炭、墨汁など）を陽極、布、または紙を絶縁体としてアルミニウム、マグネシウムを陰極で計測した。
（2）絶縁体を水道水で湿潤して計測。

（3）陽極を炭素から銅に代えて計測。
（4）漆喰の中に銅線、アルミ線などを埋め込む。
（5）地中、プランターに銅線、アルミ線などを埋め込む。
（6）銅線、アルミ線を空中に並べ置く。
（7）植物（桜、柿木(かきぎ)、竹）に銅線とマグネシウムを付ける。同じ木と別の木で試す。
（8）並列設置コイル。
（9）繊維に金属めっきを施したものを電極としたもの。
（10）尖塔体を併用したもの。

計測結果
（1）備長炭を陽極にし、アルミニウムなどの陰極が直接触れないようにするため和紙を巻いて計測した。

アルミニウム　0、348v
マグネシウム　1、17v

（2）和紙に水道水を与えた。

アルミニウム　0、57v
マグネシウム　1、8v

さらに、和紙の下に酸化鉄（鍛造スケール）を加えた石粉を入れたところ、マグネシウムで2、1vを確認した。

（3）陽極を炭素から金属である銅に代えた。

アルミニウム　0、72v
マグネシウム　1、52v

（4）漆喰の中に鉱石粉を混入して部屋の空気を改善する

と冷房機がいらなくなると船瀬俊介先生のご著書にあったが、セラミック、金属酸化物粉を混練して銅、マグネシウム、アルミニウム等の電極線をセットすると、一電極あたり1、5ｖを確認した。

これは、壁紙発電の可能性として十分である。

また、酸化金属セラミックの種類によってさらにボルトアップが可能である。

（5）地中やプランターに陽極の銅線、陰極のアルミ線、マグネシウムを埋めた。

アルミ線　1、5ｖ

マグネシウム　1、7ｖ

銅　1、7ｖ

銅にとがった水晶　1、72ｖ

（6）銅線、アルミ線、マグネシウム線（直線）を並列したところ、電位は確認できなかった。しかし、これをコイルにして計測したところ下記の結果が得られた（コイルの巻き数はそれぞれ6。陽極は銅線）。

アルミ線　0、6ｖ

マグネシウム線　0、8ｖ

また、このコイルの中に劣化した乾電池を入れてみた。

銅線コイルで2時間当たり　0、02ｖ

マグネシウム線2時間当たり　0、01ｖ

上記のボルトアップを確認した。

アルミ線の変化は確認できなかった。

（7）植物からの栽電

表面絶縁体のため、そのままでは電気は得られなかった。表皮を傷つけずに電気を得るには、工夫が必要である。

（8）並列コイル

銅、アルミニウム、マグネシウムの線材をコイルにして珪素を作用させたものを並列し、銅線を陽極として計測したところ（6）の項のとおりであった。

（9）綿、麻などの繊維に金属めっきを施したものを電極として用いれば、柔軟性が保たれ壁紙発電には良いと思われた。

飯島モーター（飯島秀行氏の考案のモーター）を参考に、コイル芯にセラミックめっきしたものを用いたところ、1コイルあたり1、5ⅴ以上を確認したことから、コイル数を増やせば必要とするボルト数は確保できると思う。

また、以上で使用した水分は水道水であるが、酒粕、焼酎搾り粕、味噌粕醗酵菌（EM、堆肥）、風呂の残り水、海水等を使用してもこの値よりも下がることはない。

栽培きのこ、田んぼなど水分のあるところならどこでも電気が得られる。

海、山で遭難したような時でも、海水や谷川の水を利用して、簡単に充電ができる。

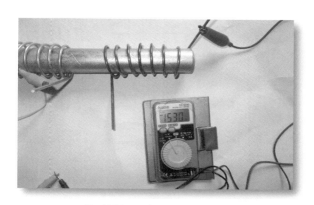
鉱石塗料パイプとコイル収電装置

　例えば、銅線とアルミ線、またはマグネシウム線と後述するカタリーズのような鉱石テープ、それにコップがあればよい。
　また、次項で紹介するU8に鉱石塗料を塗ったものがあれば、携帯電話の電池も少しは長持ちする。

　これらをもっと使いやすく実用化するには、さらに工夫する必要があるので、今も研究中である。

Ｕ８と岩崎士郎先生

　これは発電や栽電とは少し離れるが、平成26年12月8日に空間エネルギー研究家の岩崎先生をお招きした。空間エネルギーを取り込むグッズＵ８(ゆうはち)とその使用方法についてご指

導いただき、素晴らしい実験、体験会となった。

　この結果については、「アネモネ」に掲載されているのでご存知の方もいらっしゃるかと思う。

　さらにこのアルミ製のグッズを鉱石塗料テープにしてみたところ、効果が高く空間から栽電できることを確認したので報告する。

　1、このU8は車の性能アップ、燃費の向上（皆様の報告では平均値20％アップ）に貢献している。

　2、農業に使用する場合、農地の四隅にポール（竹、木、金属いずれでもよい）を立て、これにU8を貼りつければ作物の出来栄えも良く、野菜や米、麦等の収穫量もアップしたという報告がある。

　3、また、これは感覚によるのかもしれないが、車の「走行性能が良くなった」、「ダッシュが良くなった」、「エンジンブレーキの利きが悪くなった」などの意見もあった。

　4、他、これは想像であるけれども、有害な電磁波を良い電磁波に変える、または有害な電磁波を、電力に変えることができないかと考えているが、いかがなものだろう。

　平成27年12月号アネモネには、私が開発した鉱石粉をプラスした商品も発表しており、評価をいただいている。

　前にも述べたとおり、鉱石を原石のままでなく、粉にして使えば軽量にできるし加工しやすい。私の本業のめっきにも使えるので、小型粉砕機の中古品を仕入れてテストすること

にした。

　粉砕して作った鉱石粉を、ナノ粉体にしてめっき液に入れ、品物にめっきしてみた。

　実は、めっき部品にセラミック微粉を複合するのが本業であり、これはその応用である。充電の部分でも詳しく述べるが、空中から電気をいただくのにもおおいに役立つと思われるのでご紹介する。

　直径2センチの円錐形部品に鉱石複合めっきをしたものを車に取り付けると、「車が軽く走るような気がする」「燃費が良くなる」「車のバッテリーの劣化が遅く寿命が倍以上もつ」という複数の報告があった。

　この円錐を10センチの長さの鉄棒の先端につけ、外周に直径1ミリの銅線をコイルにして巻いて電位を計測するとゼロであった。

　しかし、アースに水晶をつけたところ171ミリボルトになり、円錐を付けないものは40、1ミリボルトであった。やはり鉱石めっき円錐は集電に効果があると認められる。

車のバッテリーに取り付けた U8 円錐

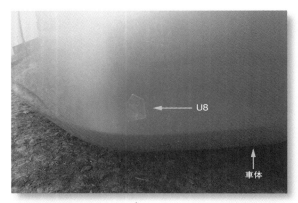

車に U8

U8と発明家・高木さんの夢のコラボで、車の性能アップの最強アイテムが登場!

高木利誌さんは、自動車メーカーに
特殊なメッキ加工を納めている「高木特殊工業」の創業者。
25年前に「自然エネルギーを考える会」を設立し、
自然界から電気を取り出す発明をするなど、
地球に優しい発明家として、数々の発明品を世に送り出しています。
このたび、高木さんが開発した、空間から電気を取り出すテラヘルツパウダーに
岩崎さんのU8の理論を取り入れた、「高木U8アンテナ」が誕生しました。

岩崎さんが「日本のニコラ・テスラ」と呼ぶ高木さん。今は会社から身を引き、自然エネルギーの啓蒙活動をされています。その技術は、書籍などで一般に公開されています。

高木さんによる「自然エネルギー」の研究をご紹介!

テラテープ

テラブレンド

使用済み乾電池と「テラブレンド」。2000個の使用済み電池に、テラブレンドの塗料を帯状に塗るだけで、電圧が上昇するという実証実験結果を「エコマテリアル国際会議」で発表。

空間から電子を取り出す 20年のノウハウの集大成「高木U8アンテナ」

十数種類の鉱物をブレンドし、20年の研究の集大成として、テラヘルツの鉱物ブレンドを表面加工しました。ネオジム磁石との相乗作用で、バッテリーのパワーが上がり、車の電気の質が向上します。それにより、エンジンの電子系統にも作用して、アクセルを軽く踏むだけで、軽快に動くようになったり、走行感がスムーズになります。そのほかにも、バッテリーの寿命が倍になったなど、評判は上々です。

「主装置」と並ぶ、強力なアイテムとなると、岩崎さんの検証チームから、高い評価を受けています。

バッテリーのプラス側に1個を取り付けるだけ。プラスとマイナス側の両方に付けると、さらに効果大。

「テラテープ」を貼った空の容器と水だけで、2.14Vの電気が発生した。

携帯電話のバッテリーの中に、テラブレンド加工のワッシャーを入れると、電磁波が半減。

田んぼの水にテラブレンドを入れると、電子がより発生し、稲の収量が20%アップした。

紙の筒にテラブレンドを塗り、銅とアルミの電極だけで、0.485Vの電気が作れるという実証実験。

テラブレンド加工をしたコイルの中に、使用済み乾電池を入れると、電池が復活!

スピリチュアルマガジン『anemone』2015年12月号より転載

海水から電気を得る

さらに「大地への感謝状」では、海水から電気を得ることができるということを述べた。

海水は、電池の電解液としては非常に効果が高い。いろいろ計測した結果、太平洋よりも内海である三河湾の海水、さらにその中でも河口に近い、淡水の混じった塩の濃度が低い水のほうが電位は高かった。これはどういうことなのであろうか。

また海洋学の専門の先生は、日本の周囲は海なので、近海に一平方キロメートルの浮州を六個作って海洋発電所を作れば、日本中の電気は十分まかなえると講演で話していらした。
　川は、水力発電、水車発電など、今さら申し上げるまでもない。

酒粕は発電体

千葉の宮野社長が、酒粕を送ってくださった。
以前、野田味噌商店の社長さんから「味噌粕の使い道はないか」と相談されたことがあり、肥料とか家畜のえさ以外になにかないかと考えて、電位を図ったことを思い出した。

味噌粕は１、５ボルトであった。
　板状の酒粕に電極をセットしてみたところ１、６ボルト以上を計測した。
　ちなみに炭素（備長炭）では、陽極は１、７ボルト、陽極に銅を付けると１、５〜１、６ボルトあった。

　高嶋康豪（やすひで）先生の「微生物が放射能を消した‼」（あうん）という本を読み、微生物のパワーに感じ入った次第である。
　微生物は、ソマチットとともに地球創世記の過酷な環境を生き抜き、環境浄化し生物の生息環境を整えたものだったようだ。
　いずれにしても、食生活に、農業に、工業に、さらにエネルギーにまで重要な役割をもっているようである。
　そして、今少し経年変化を見てみないと分からないが、微生物は電極を酸化させないようであるので、電極の劣化が少なく長持ちするのではないだろうか。

酵素のパワー

　食品としての酵素はよく知られているところであるが、工業的にも素晴らしい効果がある。
　私はめっきの仕事をさせていただいていることから、工業的な面での活用法を試しているのだが、公害防止の観点から

化学薬品を使わず酵素に置き換えてみたところ、脱脂、さび止めに効果があることが分かった。

それならば、バッテリーの劣化防止にならないかと考えてバッテリー液に加えてみたところ、やはり効果があった。

これに、テラパワーリングを併用すればさらに効果があった。テラパワーリングはトルマリンなど数種類の鉱石粉をめっきに共析させた金属円板の中心に、ダイヤモンドカットのキュービックジルコニアをはめこんだものである。本来排気ガス対策に開発したものであるが、他の用途も研究を進めている。

テラパワーリングのみでもある程度の効果があったという報告があるが、液への添加は経年変化の確認がまだできていない。現在は、私が実験している。

実験では、めっき液への添加で液の寿命延長に効果が認められた。しかし科学的な解明には至っていないし、事実のみである。

酵素のパワーは確認できたが、専門の先生のお話がお聴きしたかったので、醗酵、酵素の権威であられる小泉武夫先生をお招きして「食と日本人の知恵」という演題で講演をしていただくことになった。

そのお話によると、太古からの日本のご先祖様は、微生物を使って醗酵という素晴らしい技術を残してくれたそうである。

味噌、醤油、納豆を始め様々の醗酵食品は、体に必要なものは取り入れ、必要ないもの、有害なものは、便として排泄してくれる、日本独特な素晴らしい健康食品だということ。
　他にも、フグの毒を消す、人間の排せつ物から火薬を作る（加賀前田家が使用していた）、放射能を消す等など思いもかけない効果があるとのことで、酵素パワーのすごさに感動しきりだった。
　微生物＝生物であり、生物ならば生きている証の電気を持っているはずだ。味噌粕も、酒粕も、焼酎粕も全部微生物の塊で電気が取れるのも納得である。先生に最も効率の良い微生物電気の取り出し方のアドバイスをお願いし、私の着想もまんざらでもないと意を強くした次第である。

　小泉先生にお願いするにあたって、知人の江崎さんから岐阜県中津川市のサラダコスモさんが小泉先生とご懇意であることを聞き、サラダコスモさんに小泉先生の紹介をお願いしに伺った。すると、西洋野菜の「チコリ」という野菜の不要部分を醗酵させて、焼酎を醸造させている素晴らしい設備を見せてくださった。
　その搾り粕に興味が湧き、試してみたくなって少しゆずっていただいたものの電位を調べたところ、「素晴らしい」！２、４ボルトの電位を確認した。
　これは、味噌粕１、５ボルト。酒粕１、７ボルトをしのぐ裁電材料となると、酵素パワーの可能性に感じ入った次第で

ある。
　この発電した電気を、光、熱、に変換するにはそれぞれに対応したコイルと、触媒用の珪素（石）によって実用に供することができる。

　酢や酒、味噌の搾り粕、EM処理したコーヒーの粕等々、酵素醗酵材料はイコール哉電材料であり、また動物、植物、さらにソマチットなど、生あるものはすべて電位を持っており、素晴らしい電源である。

植物発電

　拙著「田亀のたわごと」でも述べたが、動物も、植物ももちろん人間も、生あるものはすべて電気で動いている。この本の表紙には、西部劇のシーンになぞらえて立木から電気を充電している自動車をあしらっておいた。
　また、松竹梅、これはうまく言い当てた言葉である。
　というのは、松、竹、梅の電位を合わせると１、５ボルト、乾電池１個の電位であった。
　また、植物には固有の電位があり、葉や幹が傷つくと、電気が流出しないように直ちに液体を出して絶縁している。中でもゴムの木は電位が高く、傷つくと絶縁体のゴム液を出して保護しており、その絶縁スピードは電位を計測できないほ

ど速い。

漆の木も、それに次いで絶縁スピードが速かった。

最近のインターネットを見ると、「植物から電気を作る」というテーマだけで1冊の本ができるほどである。

電池への充電

電池の充電についても、充電器はいらない時代に入っていると思う。

塗料に鉱石を混ぜたカタリーズを塗布すると起電力を回復することを発表していたが、塗料は鉱石を混ぜると固まってしまうのと輸送に難があったことから、テープに塗布して貼りつけてはどうかと考え、紙テープ、布テープ、金属テープで試してみた。金属テープが一番使い勝手が良く、かつ効果も高いことが確認できたので、金属テープを採用することとし、アルミテープ、銅、ステンレスでテストしてみたところ、効果的にはアルミが良いようであった。ステンレスはアルミよりも劣ることも分かった。

鉱石を塗布する代わりにめっきする方法もあるが、テープへのめっきはできてもコストの面で塗布とは比較にならない。

めっきについては船井幸雄先生に名付けていただいたパワーリング、またはテラパワーリングがあり、装飾品を兼ね

機械性能アップを目指した。しかし自動車部品にはある程度の効果が確認できたが、採用されるには至らなかった。

それでもテストをお願いしたところ、車のバッテリーの寿命が大幅に延びたと報告があった。

また、鉱石めっきを施したパワーリングを差し上げた大学教授のK先生が、

「携帯電話の電池が切れたので急いでこのリングの上に載せたら、10秒ほどで電話が使えるようになった」

とタクシーの中から喜んでお電話をくださったことがある。

また、インドネシアに勤務している甥（おい）が腕時計の電池が切れて動かなくなったので、パワーリングの上に置いてみたという。そのまま忘れて2か月ほどして思い出し見てみたら動いていたよ、と報告してくれた。

また、鉱石のブレンドによっては電源なしに電池の充電が可能になるのではないかと考えていろんなブレンドで試してみた。

しかし、テープ接着後2週間して確認したところ、過充電のためか乾電池の中から液体が噴き出てダメになってしまった。過充電なしに急速充電できる方法までには至っていない。

だが、間違いないという手応えを感じている。

無電源充電

　コイルと鉱石パワーで、電源を必要としない電池の充電の可能性が出てきた。
　電源を必要としない充電とは、電源のないところにでも置くだけで電池が充電できるということである。
　鉱石粉を混練した塗料（カタリーズ）を塗ると劣化した乾電池が復活することは先述した。
　また、鉱石粉を共析させめっきについても先述した。
　これならば誰でもできると考えられるので、お試しいただきたい。
　ちなみに、近くにアンテナがあれば効果が上がるようだった。アースについては差は認められなかった。

コイルによる充電

　銅線でコイルを作り、混合鉱石でめっきをしたものと、パワーリングを接着したものへ劣化した電池をセットしたところ、起電力の回復を確認した。
　このコイルに、止まってまもない腕時計をセットして15時間ほどたって見たところ、時を刻んでいることを確認した。それから１年６か月くらい正確に時を刻んでいたが、止まったことにある時気が付き、充電のため３日ほどコイルにセッ

トしたが、再起動はできなかった。

また、筒状のモバイルバッテリー（携帯電池）は、ケースのままコイルに差し入れれば充電できることを確認している。この場合、完全に電力がなくなっていると回復に時間がかかるので、使った都度、コイルにセットすれば回復が早く、毎日使っても長くもつことも確認している。電力回復のスピードも、電池の劣化の度合いによる。

風呂桶バッテリー

我が家は昔から、風呂には木製の桶を使っている

10年以上使って少々傷んできたので桶屋さんに新しい桶を作ってもらったが、前のものも傷んではいるが水は漏れなかった。

何か使い道はないだろうか、そうだ、田んぼで栽電できるなら、風呂桶栽電もできるはず、と思い立ち、まずは電極用の金属を入れてみた。

そのままではうまくいかなかったけれども、外側を焼いて炭素化するか、書道用の墨汁（炭素でできている）を塗り、内外に別金属の電極をセットしたら栽電ができた。

水だけでもよいが、塩分を加えればさらに効果が上がる。

金属は、ありあわせの2種類の金属で十分である。例えば、

銅とアルミ、真鍮とアルミなどだ。

　プラスチック浴槽でも、浴槽の外面に鉱石テープを添付し浴槽に水を入れ、内側に陰・陽極板をセットしたところ、電位を確認した。
　さらに、浴槽外面にカーボン（炭素）を塗布したところ、最高１，９ボルトを確認した。さらにカーボンに石の粉を混ぜたところ、１電極あたり２，２ボルトになった。
　これは、誰でもできる応急バッテリーとなる可能性が十分である。
　また、浴槽の種類にかかわらず応用可能である。
　なお、水は水道水のみのデータなので、汗を流した残り湯の場合は塩分などが溶け込んでこれより高い値が得られるはずだ。

　その他
　＊照明器具について、直流では陽極に、交流ではどちらかに鉱石めっき部品をセットすると、輝きを増すことが確認できる。
　＊電気溶接機には効果があるが、光線治療器など火花を伴うものには、危険を伴うから絶対に取り付けてはならない。

　このように宇宙にも、大地にも海にも川にも山にも、電気

はある。

　山にはまた、裁電用の鉱石がある。

　姫川石については前述したが、ヒスイなどが有名な、白馬岳を水源とする姫川、糸魚川の川砂は電位が高い。余談であるが知人と川遊びをして素足で流れに入ったところ、10分ほどで長年苦しんだ水虫が治ったと喜んでいた。そうした薬効もあるのかもしれない。害虫も、細菌も、病気なども、電位を上げれば降参するのかもしれない。

　とにもかくにも、最近はインターネットで簡単に発信できることから、世界中で膨大な数の情報が噴出している。興味のある方は自分でできそうな裁電方法を選んで試してみるといい。いざというときに必ず役に立つ。

　ネットからの情報というと、スイスのリンデン村では、部落全部がフリーエネルギーで電気を取って生活をしているという。見てきた方の記事をインターネットで拝見した。

　高校で習った知識をもとに、素人の私ができるくらいだから、誰でもできる技術はあふれているのだ。

毎日が学び

神坂先生からのメッセージ

　神坂新太郎先生が宇宙船に乗られたということを伝え聞いたので、さっそくテープを入手して聴いてみた。まさに目からうろこはこのことか。宇宙の仕組みと将来。地球の現状と将来。宇宙人とわれわれの心構え。
　すべてのもの、例えば生命体金属にさえも意識がある。生とは何か、死とは何かなど素晴らしいテーマもさることながら、学者のような難しい理論を並べるのではなく、庶民の言葉で語っておられ、誰にでも分かるところがまた素晴らしい。

　感銘を受けながら聞き惚れていると、同時に、われわれが日常茶飯事行っていることが実は意味のあることであったと気付き、実は宇宙の意思であったらしいということを知る。そしてまた何げなく自分のやってきたことの意味、理由、そして理論に「ああそうだったのか」とうなずかされた次第である。

　「いざというとき種がなくても作物はできる」「電気がなく

てもバッテリーの充電ができる」「地球上のすべてのものは発電体」

思っていたことが先生の話でよく分かった。

また、神坂先生は宇宙の模型を作って正回転すると成長回転であり、逆回転すると殺人回転であるとおっしゃっていた。

非常に特異な経歴の方で、ご存知の方も多いと思うが、戦時中の昭和20年にドイツの科学者ラインホルト博士と宇宙船を作って実際に操縦された方である。

お目にかかるたび、にこやかに素晴らしいお話を聞かせていただいたが、地球を超えたお話で宇宙の中の地球を見据えていらっしゃった。

UFOに乗ったら、東京からワシントンまで2分で行ってしまったそうである。

爪楊枝（つまようじ）が大木になった

「宇宙のしくみの模型を作って動かし、近くにあった水に死んだ金魚を入れたら生き返ってしまった」

「爪楊枝を入れたら芽が出てきて、植えてみて10年たったら大木になった」

そんな内容の神坂先生の講演ビデオを見ていて思い出した。

私は20年ほど前から、藁（わら）や米ぬかから芽を出させる、いざというとき種のいらない農業を提唱しているのだが、「そんなバカなことができるか」と笑われたことがある。

　だが実際、藁や米ぬかに石（鉱石）の粉を入れ水に浸すと、不思議に芽が出たのである。これを本に書いたらやはり笑われた。

　鉱石を使えば電気もできるし、疲れも取れる。ダメになった乾電池も回復するし、動かなくなった腕時計も動くようになる。これを神坂先生は見事に証明してくださった。

　つまり宇宙のしくみとは、すべて電気であり、すべてのものに心があり、細胞は死なない、休眠するだけだということである。電気は水であり、水はH_2OとH_2O_2とHOの混合であり、このOとH、すなわち酸素と水素がいったりきたりするのが発電である。その電気で、眠っている細胞が生き返る。その水からは電気が取れる。手術して死にかけた時、その水を飲んだら生き返って今日ここにいる。そこでこれを、「蘇生水」と名付けた。

　先日、小保方晴子氏が、万能細胞ができたと発表したところいろいろ異論が出たようであるが、神坂先生は何十年も前にすでに成功している。神坂先生が今生きていらしたら、なんとおっしゃったであろうか。私も何度もお目にかかり話を聞いたが、今回録音を聞き直して初めて気が付いた。このお

話を広めて、皆さんでお試しいただけたらと思う次第である。

外国を視察

　私が公務員を退職し、めっき業を始めようとして役所へ行ったら、シアンを使わないなら届けの必要はないと言われた。そこで工業用の潤滑と耐摩耗のめっき業を開業した。しかし、その後まもなく公害問題で法律が変わり、有害物質と排水の規制が始まった。そこで「有害物質を使わず排水をしないめっき」を心がけることにし、外国の現状の視察と技術導入を思い立ち、ヨーロッパ、アメリカを訪ねた。

　何たることか、世界は予想に反して不況の真っただ中だった。ちょうどそのころソビエト連邦で展開されたグラスノスチ政策（情報公開）で、潤滑油の代わりにダイヤモンドめっきをしていると知り、ソ連大使館でナノダイヤモンドめっきの技術を教えていただいた。これは滑りもよく相手材も傷めない素晴らしい技術であったが、どこにも使ってもらえなかった。

　そこで、ドイツで見た潤滑のテフロンめっきを紹介していただき、有害物質を使わないめっきを主力にすることにし、廃棄物を出さないか、廃棄物の有効利用をする方向に切り替

えた。そして、その時『産業廃棄物が世界を救う』というタイトルで本を出した。

　ちなみに小林一年(いちぞう)先生が、排せつ物をハエで処理し肥料や飼料に活用するロシアの技術を紹介していらっしゃるが、これからいかなる時代が来ようとも、お金をかけず誰でもできる技術を考えられれば、それが正解ではないかという考えに至った。

これからの農業

　農家でない私が農業の将来像をうんぬんするのはおこがましい次第であるが、子供時代に苦労をした農作業を思い出し、また藤原直哉先生の講演で「これからの日本は農業と観光だ」と聞き、農協から田んぼを借りて実験してみた。

　農業は一年一作で失敗が許されない業種であり、決して冒険はできない。機械化されたとはいえ私の少年時代と基本的には大して変わっていない。素人が生意気言うなとお叱りを受けるかもしれないが、本業でないからできることもあるはずだと思い、意を決して本職の農家にバカにされながら"異端の農業"をやってみた。

　機械化、大規模化が可能なところと不可能なところがある。

また災害など応急処置の必要な時もある。そんな時、何かの役に立てることもあるかもしれない。

　また、高齢化が進み今まで通りにできなくなるはずだと思って始めてみたが、隔年休耕田のため今年の田んぼでは来年は作れない。毎年田んぼが変わるので、農協で借りる田んぼでは思った実験ができない。思い切って田んぼを買いたいと思ったが、農家でなければ買えないという。一回でできることは借りた場所で、連続作試験はドラム缶で作った田んぼで、試した結果について報告するので笑ってお読みくだされば幸いに思う。

　まず水の改良。取水口にテラヘルツ波を出す石で取水ますを作ってみた。もちろんこれでも良かったが、コストと重量がネックになった。
　そこで、石を入れたコンクリート板を取水口にセットしてみたところ、これで十分であった。今一つには石の粉を10アール当たり100kgの割合で入れてみた。どちらでもよいが、石の粉を入れた田んぼは前述した通り20年たっても作柄が違うのが一目で分かる。

　次は、ドイツの科学者、シャウベルガーを取り上げた本『奇跡の水』（オロフ・アレクサンダーソン著　ヒカルランド）に書かれた原理を用いて、古くから日本に伝わる水瓶方式で稲を作ってみたいと思っている。

これは田んぼのある農家でなければできないけれども、水稲電極栽培という方法はシャウベルガー先生にヒントを得てドラム缶農場でテストしてみた限り、明らかに差が認められるので本田栽培でテストしてみたい。
　不耕起、無肥料、無農薬、そして水田発電所、夢のような農業をぜひ実現させたい。米ができすぎて困ると言われるかもしれないが、一年三作も藁から育てた稲なら夢ではないし、すでに実験済みである。ただし、雀にも好まれてたくさん食べられてしまうのがネックである。

　野菜は、やはり土壌栽培に勝るものはない。土地がなくてもプランターでのベランダ農業をお勧めしたい。電気博士の関英男先生、リンゴの木村秋則先生や、テラヘルツの新納清憲先生の説を総合すると、キーワードは珪素すなわち「石」である。エネルギーも食料も将来を左右するものは炭素でなく珪素であると確信する。これからの農業を左右するものは珪素である。

新しい農業の方向

　リンゴ農家の木村秋則先生が無農薬、無肥料のリンゴ栽培を実践していることが話題になった。最近では、アートテン農法、炭素循環農法など、次々に新しく素晴らしい栽培法が

発表されている。

　近年、食糧危機が叫ばれている中で、農家の高齢化が進み耕作放棄地も増えてきた。先日ブドウの季節が来たのでいつもの農家へ行ったところ、昨年までおいしいブドウを作っていた農家が1軒、また1軒、「おじいちゃんが入院したので」「親父が動けなくなっちゃったので」と、廃業していた。

　田んぼもしかりで、高齢者農家が次々に離農している。そこで、高齢者でもできる不耕起、無農薬、無肥料の農法を、農地を借りて実験してみたのだ。無農薬、無肥料で高収穫は実現できたが、前述のように、減反政策のため一年おきしか栽培できない。田んぼを買いたいと思っても農家でないと買うことができない。仕方なくドラム缶田んぼで試した結果、珪素とシャウベルガーで、不耕起、無肥料、無農薬で素晴らしい結果が出たので、農家の方にもぜひ試してみてもらいたい。ちなみに、副産物としてこの田んぼは米と同時に電気が取れることもある。

機能性紙

　ハウスシックなどの快適居住性を損なう要因となるものを、障子、フスマ、壁紙などの紙によって改善しようとする

試みがある。それらを機能性紙という。防菌については、蜂の巣、植物エキス、珪素エキス（鉱石）などを漉き込み、または接着剤に混ぜて使用する。人に好まれる色の感覚などもあるし、利用する材料を選択する必要がある。

　また、機能性紙に関しては、住居に関すること以外でもさまざまな効能の報告が入っている。

　例えば、「この紙の上に置いたたばこ、果物の味を変えた」「体が疲れた時や、痛い時に持っていると和らいだ」「珪素水を漉き込んだ紙は燃えにくく、燃えても煙が出なかった」等である。（巻末「珪素医学会発表資料」参照）

水を燃やす

　水を燃やすという内容の講演をしている方がいると聞いたことがある。実は私も、自動車を運転してみて、晴れた日よりも雨の日は燃費が10％くらい良くなると感じたことがある。湿度が高いということは吸い込む空気に水分が多いということ。これは水を燃やすということではないか。

　さっそく、空気取り入れ口に水を入れた容器を取り付けて運転してみた。間違いなく雨の日と同じ燃費であった。水の容器にカタリーズ錠剤を入れたところさらに2〜3％燃費が向上した。

また、カタリーズ錠に変えて珪素を入れたらさらに良くなるのではないかと考えてみたが、その安全性の確認をしてみないと簡単には試せない。というのは、珪素医学会で発表したとおり、珪素は温度や振動により水の分解をするが、高温により、または共振によっても爆発的に分解し危険の恐れがあるからである。水を分解して燃料に変えることも夢ではないが、装置に費用もかかるし、軽々しくできない。

　注１：鈴木石を水とともに土鍋に入れて加熱したら、土鍋が破裂したと報告が入っている。
　注２：純度の高い珪素の細粉を作るべく粉砕用セラミック製容器に珪素塊と水を入れ密閉して振動したところ、厚さ２センチのセラミック容器がひび割れして珪素細粉を含んだガスが噴き出し、容器の中に水（液体）は残っていなかった。

奇　跡

　奇跡なんてないと思う人は、たとえ目の前でそれが起こっていても否定してしまう。しかし、それは実に日常茶飯事に起こっている。「たまたま」誰と会う。「たまたま」読んだ本に感動する。「たまたま」知らない土地に行き新しい発見をする。これらはすべて奇跡である。「たまたま」を大切にする人に奇跡は訪れる──以前、こうした文章をFAXで送っ

てもらったことがある。

　考えてみると「そうだよなァ、人生そのものが奇跡ではないか」と、つくづく思う。父も、母も私が選んだわけでなく、この両親のもとへ来られたのは、まさに奇跡ではなかろうか。私の人生そのものが奇跡であるならば、本当に理解できる気がする。そして、光り輝く奇跡は喜びであり、その喜びを呼び込むための努力が人生ではないだろうか。

　奇跡を思い出してみようとこれまでの人生を振り返ってみた。遠い昔の四歳の時、呉服屋をしていた家が火災で全焼したそうであるけれども記憶は定かではない。思い出せるのは、農繁期に村のお寺で託児所が開かれていた時のこと。小学校入学前の子供を預けて田植えや稲刈りが安心してできるようにしていたのだが、「たまたま」その時そこに、事故で両手の肘から先をなくした子がいた。食べるのも字や絵を書くのも足で全部やってしまうのにびっくりしたが、トゲのある野イチゴの木から実を採ることはできなかったので、代わりに採ってあげたことを妙に覚えている。

　また、小学校へ入学前か後か定かではないが、習い覚えた自転車でぎこちない乗り方で田舎道を走っていたところ、崖下三メートルくらいの田んぼの中へ真っ逆さまに落ちて、頭が田んぼにはまってしまったことがある。「たまたま」とい

うか、運よく通りかかった親戚のおじさんが助けてくれて体中の泥を洗ってから家に送ってくれ、母に「叱るでないぞ」と念を押して帰られたことを覚えている。

　それからもいろいろあった。縫製工場で、ミシンのモーターからベルトを通して回転を伝えるシャフトに巻き込まれたことがあった。ミシン十数台を使い縫製をしていた従業員の一人が、作業中なのに「たまたま」音に気付いてモーターを止まてくれたので、ギリギリで助かった。

　数え上げれば数限りない奇跡がある。

　ある時、東京駅で地下鉄に乗ろうと思い改札を入ると、会いたいと思っていた友人が「たまたま」地下鉄から下車してこちらへ来るではないか。あと数秒違えば会うことはなかったであろう。世の中本当に、奇跡の連続ではなかろうか。

世の中思った通りになる

　人間の思いほど怖いものはない。できると思えば何でもできる、できないと思えば何もできない。

　戦時中、美濃部正少佐がマレー沖海戦で英国戦艦プリンス・オブ・ウェールズを撃沈した時、「戦艦発見」と打電していた偵察機のパイロットがいる。本土決戦に備え、腕すぐりの

パイロットを集めた航空防衛隊の隊長であったが、終戦後日本電装（現在は株式会社デンソー）の技能者養成所の所長になり、多くの技能オリンピック金メダリストを育てた人物である。

　彼は、叔母の嫁ぎ先の兄弟ということで、催事で顔を合わせた折に、尋ねたことがある。

　「戦争の経験者として戦いに負けない方法を教えてください」と。彼の答えは、

　「負けないことは勝つ以外にない。負けないことは勝つことだ」

　そして「素質は重要な要素だけれども、素質のある者を集めて反復訓練をする以外にない。素質、訓練、情報収集能力を徹底的に追及できなければ金メダルは取れない。訓練さえすれば銀までは取れるが金メダルは難しい」と続けた。

　偵察機で雲の上を飛び、雲間から一瞬のうちに軍艦の種類、進行方向、速力を見極め打電、その情報が間違えば艦隊の死を覚悟しなければいけない。同じく技能オリンピックでも、一瞬のうちに1000分の1ミリが目で見て分からない者に出る資格はない。それは経営も同じで、素質がなくても、努力と情報収集を誤らなければ大きな間違いはないのではないか。

　いつも思うことであるが、新しいことを思い立ち思いつく

ままに試作をする時、思いもかけず良いものができる。より良いものをと考えて改良を試みるが、なかなか最初のものより良いものができない。日ごろの訓練で、無心に動いた時ほど純なものはないのではないか。考えて欲心が入ると失敗につながる。純な気持ちで訓練のままに行えばできないことは一つもない。ダメだと思ったらダメになり、成功を信じて進めば必ず成功する。世の中思った通りになるのではないかと思った次第である。

鈴木石

　「鈴木石」という石がある。鈴木さんという方から教えていただいたものだが、薬科大学の先生が厚生省からガンの治療薬の開発依頼を受け、石の薬効に着目してでき上がったものらしい。
　しかし、でき上がって提出したら却下されてしまったという。しかし、土壌改良剤、水質改良剤に転用可能と分かったため、農地に使用してもらったが、作物の出来が良すぎて農協からクレームが来たとかで、石の粉の製造業者も廃業してしまったというのだった。

電気は地球から作られる。その源は石である

　石をうまく使えば病気は治り、良い作物も電気も作れる。全国に多くのパワーのある石（小野鉱石、角閃石、医王石等）があり、その石の効果をうたった商品を出している方がいるが、ほとんどつぶされている。

　神坂新太郎先生は、「いい水は細胞も生き返らせる。死んだ魚も生き返った」と実験結果を発表されている。「世の中に不可能はない。ただいまだ知られていないだけである。縄文のハスは、何千年の時を経ても細胞は生き返って花を咲かせているではないか。細胞は休眠するが死ぬことはない」ともおっしゃられた。

　石の抽出液を使えばガンが治り、農作物の味も良くなるうえ多収穫になる。胡蝶蘭は一株に140個の花をつけたと報告が入っているが、この石の粉は生産されていない。石の粉は配合によってさまざまな効果があり、その活用について試してみた。しかし、長短あっていまだ試験中である。

エネルギー新時代とロバート先生

　日立造船が水素と二酸化炭素（炭酸ガス）から99％のメタンガスを作り出すことに成功したという記事を見て、「あ

あ、世の中本当のことが認められるようになったのか_と思った次第である。

　二十数年ほど前、イギリス政府の招待で、二週間イギリスの企業を訪問した折のことだ。たまたまある大学に立ち寄った際、ロバート教授が排気ガス（二酸化炭素）が再燃料化されると発表したと聞いた。その装置はドラム缶より少し大きいくらいのものだった。素晴らしいことだと思ってお訪ねすると、「いいものが世に出るとは限らないよ。エネルギー、医療、食糧に関するものは慎重に」とアドバイスしてくださった。

　自動車に水を積んでいれば、排気ガスと水で再燃料化して走行できる。ロバート先生の装置の小型化で、世の中が一変する時代がやってきた。最近、トヨタ自動車が水素自動車「未来」を発売した。また、大政龍晋社長は「オオマサガス」を開発し、水で走る自動車を乗り回しているとか（『ザ・フナイ』2015年12月号・船瀬俊介氏記事）。また倉田さんという方は、水に一割の油を混ぜると水が燃料になると発表している。（『ザ・フナイ』2016年2月号・船瀬俊介氏記事）

　アメリカではドラード博士という方が、1980年にトヨタカローラを改造して充電不要のバッテリー車を作ったが、実験設備も車も壊されてしまったという（『ニコラ・テスラが

本当に伝えたかった宇宙の超しくみ』井口和基著　ヒカルランド)。

エアコンが消える日

　それはまた、発電体であった。鉱石（珪素）のパワーについては先述したところであるが、船瀬俊介先生の「クーラーが消える日『光冷暖』の奇跡」（『ザ・フナイ』2013年9月号）という記事を読んで感心していた折、自宅の風呂の脱衣場の床が傷んでいたのを思い出した。接着剤に数種類の鉱石の粉を混ぜて張ってみたところ、家族も業者の方も「すごく暖かくなった」と驚いていた。このことで、壁紙、障子、フスマなども工夫すれば、家庭でも自然の健康エアコンが不可能ではないと思った次第である。

　20年ほど前に、障子紙に鉱石粉を漉き込んで試したことがあった。たばこの嫌な臭いの除去とか空気の改善に役立てようとしたのだが（効果はともかく障子紙のきれいな色が出せないので中止した）、色を気にしなければ効果は十分だった。今思うとあれがまさに、家庭でできる健康エアコンであったのだ。

　またこれに電極をセットしたら、発電できるだろうとも

思った。そうなれば、停電を恐れることもなくなり、ことによったら電気自動車の充電を大幅に減らすことにつながるかもしれない。

　小さな漆喰でも実験をしてみた。漆喰の色を気にしなければ、かなりの電力が得られることが確認できた。色の妨げになる材料とは、鍛造の残差、鋳物の廃砂、活性炭などである。これらを含めるとなかなかきれいな色にならないのが悩みどころである。

ソマチットと鉱石パワー

　ソマチットについては、宇野正美先生の講演を聞き初めて知った。それは地球創世記からの生き残りの原始微細生物で、血液の中で活躍している万能キラー細胞のようなものであるらしい。地球創生期の過酷な環境下で発生したという。

　ソマチットを探したところ、佐山さんが紹介してくださった宮野ピーナッツの宮野社長から、ソマチット鉱石の粉をご提供いただいた。農作物の栽培、水の改善、工場廃液の浄化などに試してみたところ、素晴らしい改善効果が認められた。思うに、地球創世記の劣悪な環境から生物の住める環境に浄化してくれたのは、この微細生物ソマチットではなかろうか。鉱石の中にも、いや、地球上のすべてのものの中に生き続け

るソマチットこそ、すべてのパワーの根源ではなかろうかと考えるに至った。

宇野先生が講演で紹介された沖縄の琉球温熱療法院を訪ね、血液の顕微鏡写真を見せてもらったところ、自分の血液の中に血液の粒子よりも小さな粒が動き回っているではないか。「これがソマチットです」と説明いただき感激をするとともに、この小さな生き物が私の健康を助けてくれていると感謝した次第である。

体調が悪くなれば、ソマチットが改善してくれるのかもしれない。また、自然環境が悪くなれば地球創世記に立ち返り環境を改善してくれているのではあるまいか。ソマチットに感謝しなければならない。ソマチットは2500万年前の鉱石の中にも存在しているとか。天然鉱石こそソマチットそのものではなかろうか。

ニュースキャン

先述の沖縄で温めて病気を治す温熱療法では、一滴の血液を採って顕微鏡で見ると赤血球、白血球、油、それに赤血球よりもはるかに小さいソマチットが動き回っていた。

また、真鍮製のバーを握っていると、接続されたコンピュー

ターに、頭の先から足の先までの健康状態が映し出されてくるではないか。

「ソマチットがいるからガンではないが、こことここにちょっと注意をしたほうが良いようですね」などとご指導をいただいた。ドイツ製の機械ということだが、素晴らしい機械ができたものだと感心したことであった。

ところが最近さらに進化して、ニュースキャンという機械があるらしい。「低周波を利用し、膨大なデータをコンピューターで処理できる形に置き換え、分析、検索を行い、体のアンバランスな状態をチェックし、さまざまな可能性を類推し、健康に関する有益な情報を次々に導き出してくれます」とある。

必要部分を次々と改善していけるのだが、薬で治すのでなく、波動によるものだとか。東京では医療機関や治療院が診察治療に使っているそうで、世の中進歩したものである。

その機械は中型自動車並みの値段だそうだ。知人も「ちょっと株で儲かったから一台買う。そうすれば自宅で好きな時に使って体調を調べて治せるから」と言っている。

そのうちに、弟がニュースキャンを借りてきて見せてくれた。聞くと、会員として入会すれば試してみられるとか。体の中を見てみて悪いところがあれば、その場所に最適な波長をその機械が選択して照射してくれるそうだ。

そこに「石にしますか　薬草にしますか」との記載があったので、水晶、アメジスト、ルビーなどの石をセットした。やっぱり石の波動であったのだ。医療先進国のドイツの最先端の機械が治癒に使うのは、なんと石と薬草の波動であったのだ。薬石効有りである。
　医療ですらこの変化である。
　それはさておき、先日ある金型メーカーを訪ねると、工場内に機械がぎっしり並んでいたはずが、がらんとした中に数人の作業者がいるのみではないか。どうしたのと尋ねると、「次々と新しい機械ができて、熟練工でなくても最新鋭の機械を使えば誰でも立派な金型ができてしまうので古い機械は整理しました。新しい機械を入れても償却ができないので買えない」と言う。

　そして大手のメーカーは外国へ行ってしまう。メーカーのみならず農家もアフリカへ、南米へあるいは東南アジアへと出て行き、結果日本は加工輸出国でなく輸入国で貿易赤字国に転落しつつある。今年に入って廃業、縮小の話がいくつも入ってくる。かつて日銀総裁が「日本は製造業の比率が高すぎる」と言ったとか（『フライデー』2001年2月23日号）。

　また、日本は製造業でなく遅れているソフト産業を育成しなければと力説していたのが、やっと理解してもらえるようになってきた。ある講演会で申し上げたことである。

「現在は自動車産業全盛である。しかし20年先の自動車産業は果たして今の延長線上で、水素自動車、燃料電池自動車、電気自動車だのと言っているであろうか」

トヨタの前会長は「ホンダが飛行機をやるならうちはUFOを考えよ」と言って研究を開始したとか（井口和基先生の著書より）。そして最近では、空飛ぶ自動車の開発が話題になっている。現在の自動車に翼が出て飛び上がるようなものであろうか。

それが実現すれば、神坂新太郎先生がおっしゃった東京からワシントンまで2分で到達する自動車になるかもしれない。いろいろな最先端の技術者の現況を考えると、時代は着実に進んでいる。そして、時代がどんなに変わろうとも、自分のことは自分で、電力も自然から取り入れられるような自立の道を考えなければならないと思う。

珪素水

懇意にしている工学博士の先生に、珪素医学会の講演会の帰りにお立ち寄りいただいた。私が八十歳を過ぎ難聴で話が聞き取りにくくなったと申し上げたところ、「それならこれが良いという人がいたからね、良いか悪いか分からないが試しに使ってみたら」と言って珪素水を見せてくれた。

それは、スプレー容器に入った水溶性の水晶（珪素）であった。その場でさっそく耳と鼻に一回スプレーしてみたが別に変化はなかった。
　その後、昼食をとりながら二時間ほど話をしていたのだが、いつの間にか脳こうそくを患った三十年前から続いていた耳鳴りがかなり小さくなったのに気が付いた。
　「いつの間にか、耳鳴りが気にならないくらいに小さくなりました」と言ったら、「私も本当かどうかは分からなかったけれど、小さくなったのなら良かったね」とおっしゃってくださった。
　耳鳴りがこんなに早く改善したのは感激だ。石を入れて沸かした水は料理に使っても一味違うし、ご飯を炊いても銘柄米と思えるほどおいしくなるし、野菜も成長を促進して味も良いものができる。まさに農業にも有効であるのだ。

　また、珪素とともにソマチットが天然鉱石の中に生息し、環境改善や病気改善の作用をする万能キラー細胞のような働きをするかもしれないとのことであった。

　ソマチットはあらゆる生物の体内に無数に存在し、健康保持に役立ち、これの有無が健康のバロメーターと言われているようである。元気な野菜を食べれば元気になる。植物では多くは種子の中に存在し、米には胚芽の部分にあり玄米食が健康に良いとされるのはソマチットの有無ではないかとのこ

とであった。

　ちなみに、種無しスイカは健康のためにはほとんど意味がないのではないかと言われた。
　そんな意味で、無農薬有機栽培の有用性が説明できるのではあるまいか。さらに醗酵食品の有用性について、酵素はソマチットの素晴らしい住みかであり、その意味でも味噌汁や納豆などは最高の健康食品である。そして、納豆の糸には珪素が非常に多く含まれているとか。
　また、アルツハイマーの人の脳の写真と珪素を与えた脳の写真の対比を見ると、どうも珪素が良い働きをするらしいとのことであった。

　難聴についても、二日間の珪素水噴霧で、家族の見ているテレビが補聴器なしで見ていられるようになったのでとりあえず効果があったようである。

それでも地球は回っている

　鉱石塗料で乾電池の再生をデモンストレーションしたある学会で、発表を終えて質問の時間になった時のこと。最初の質問者は、座長の大学教授であった。
「業者ごときが、おかしなことを言って神聖な学会を汚す

つもりか！」

　質問でなく一喝された。その時、私は腹が立つより情けなかった。

　「業者ごときの研究は大学でも公立の研究機関でも相手にされませんので、外国の大学や研究機関でデータを出していただき、発表に臨みます」と申し上げて帰った。

　このおかげで、外国の研究機関や高名な先生のツテもできた。素人の私がどうしてこんなに素晴らしい仕事をさせていただけるのか、本当に私自身が不思議でならない。
　また、奇跡か偶然か思いもかけぬ出会いがあり、教えていただけたこともしばしばである。欲しいと思ったものが不思議と手に入る。私は本当に幸せ者である。またこのおかげで、未踏科学技術国際フォーラムでも発表させていただけた。

　不浄の業者でも、少しでも世の中のためになることを願い税金も払い、自費で外国の先生を訪ねご教示を得ていることを、偉い先生方にも分かっていただければ幸いである。

政木和三先生

　以前、講演をした折に、あの有名な政木和三先生にお目にかかったことがある。先生は3000件を超える特許をお持ち

の大発明家である。『この世に不可能はない——生命体の無限の力』(サンマーク出版)という先生のご著書を読んで妙な納得をしたものである。

というのは、かつて現役の作業者だった頃のこと。

「これを完成させるといくらになる」と、借金の返済が頭にちらつくと、必ず失敗し大損をしたということを何回か経験しているからである。

「欲望をなくすると脳波が下がる」。

人間の脳波にはベータ波、アルファ波、シータ波、デルタ波の4波がある。私たちが一般に生活している時の脳波は18ヘルツぐらいで、ベータ波と呼んでいる。心がリラックスして平静な状態に保たれていると15ヘルツくらいまで下がる。これが13ヘルツ以下に下がるとアルファ波になる。そうなると肉体的な感覚が薄れ、精神的な感覚に近づいていく。11ヘルツ以下のアルファ波になると、超能力と呼ばれるような力となり、例えば誰でもスプーンが曲げられるようになる。さらに8ヘルツ以下になるとシータ波で、この状態になると生命的感覚になっていくが、これは瞑想の極致に達した時の精神状態である。

これ以上書くと精神異常と間違えられるのでちょっとためらうが、先生は呼吸法を変えれば脳波は変えられるとおっしゃっている。脳波を変えれば、手に取らなくてもスプーン

は曲げられると。要するに無心になれば、この世に不可能はないということか。あの時もう少し多くのことをお聞きしておけばよかったと、先生が亡くなられている今思っても遅いけれど、そう思う。

　それにしても、エジソンもニュートンも関英男先生も、この政木先生も、多くの科学者が最後にたどり着くのは、「愛」「神」といった精神面への傾倒だ。
　そう考え、自分というか人間の限界というか、かつて勉強し直そうと名古屋大学に行った時のこと。沖教授が「どんな科学者といえども全能の神の掌(てのひら)の上で考えているだけだよ。人間の力なんていうものはそんなものだよ」とおっしゃっていた。
　全能の神というか、自然への恐れというか、極めた先生は自然の奥深いことに驚嘆されるのであろうか。

へその緒

　最近、へその緒からとった血液で病気が治ったという記事を読んだ。そういえば昔、母親からへその緒は大事に保管しておけ、と聞いたことを思い出した。へその緒は、本人が生きている限り休眠をしているが細胞は死なないとか。誰だか忘れてしまったが、戦時中に家の近くの人が戦地へ出征され

て生死不明になったことがあった。その時、保管していたへその緒を出してみたらそれが生きていたので、「大丈夫、生きているから必ず帰ってくる」と思っていたら、激戦で部隊のほとんどが戦死した中で、その方は無事に帰られたとか。

　東日本大震災で大勢の方が犠牲になられて本当に残念だが、こんな時、へその緒がもし手元にあったら何かを教えてくれるのではないかと、昔聞いたことを思い出した次第である。

　それにしても、人間というか、細胞とは不思議なものである。体を離れても本人と一体だということではないか。とすれば、どんなに遠く離れていても細胞同士は話をしているということではないか。
　まして、われわれ人間は自分の体の細胞同士が話をして体が良くなるように相談し合っているはずである。今生かしていただいていることに感謝し、一つ一つの細胞に感謝していれば細胞が病気を吹き飛ばしてくれるのではないか。などと思いながら八十年以上元気で働かせていただいていることに感謝し、細胞さんにお礼をしているところである。

プライムクリスタル

　「クリスタルをプライムエネルギー化したものをプライムクリスタルという」と、田島和昭先生が「超宇宙エネルギーの秘密」(コスモトゥーワン)というご著書の中でおっしゃっている。
　そして、このエネルギーゾーンに入るや否や「スプーンが90度に曲がってしまう」とか、「気を実感できた」とか「瞑想したら2倍のアルファ波が出た」などの報告があったという。

　また、政木和三先生は『生命体の無限の力』の中で、「スプーン曲げは超能力の証のように言われているが、あれはスプーンを"曲げる"のではなく、脳波をシータ波にすればスプーンが"曲がる"のである」とおっしゃっている。
　ということは、プライムクリスタルを使えば脳波がシータ波になるようである。そして脳波をシータ波にすれば数百年は瞬時に過ぎてゆく。スプーンはその時に瞬間に曲がる。それは、数百年かかって曲がったのと同じである。

　さらに、関英男先生がUFOは水晶で飛んでいるとおっしゃっているのを考え合わせると、まさに田島先生のおっしゃる「プライムクリスタルはシータ波」ということではなかろうか。またはシータ波を作り出すものなのか。田島先生は、「プライムクリスタルパワーの部屋(プライムクリスタ

ルゾーン）を作ってその部屋の中へ入ると瞑想状態になり、エジプトの情景が浮かんだ（ピラミッド？）」とか、「手に持っただけでスプーンが90度に曲がった」と書かれている。

　また、保江邦夫先生が「伯家神道の祝之神事を授かった僕がなぜ」（ヒカルランド）という著書の中で、「エジプトのピラミッドで次元転移を成し遂げた」と記されている。エジプトの情景が浮かんだとは、まさに聖者の領域ではなかろうか。

　他、プライムクリスタルパワーの転送装置ができていて、遠隔地に一瞬のうちに転送できるとのことである。まさにこれがUFOのクリスタルパワーではないか。そして、MRA、MRIなど最先端測定器で信じられない最高数値で免疫力を高めることができるとおっしゃっている。これぞまさに、宇宙人の世界ではないだろうか。とにかく体の問題、心の問題、病気の問題から、環境の問題、エネルギーの問題、果ては宇宙の問題も解決できる素晴らしいものである。

　この本は1冊丸写ししたいことばかりであり、関心がおありの方はぜひご一読をお勧めしたい。

　例）実証された驚異のプライムエネルギーとして
　1：生花の鮮度が1週間たっても落ちない。
　2：プライムエネルギーは遠隔送信ができる。
　3：止まった時計が動き出した。

4：20年来の腰痛が治った。
5：長年の自律神経失調症が治った。
6：固い体が柔らかくなった。
7：肩こりや腰痛が治った。
等が挙げられるとのことである。

鉱石波動栽電

　保江邦夫博士の著書の中に、現在ロシアに宇宙人が製造した宇宙船が2機あるとあるが、宇宙船にも意識があり人間の意識では操縦できないのだという。
　とするならば、人間と宇宙船の意識と同調させる調整役をするのが水晶ではなかろうかと考えるが、いかがなものであろうか。宇宙人は次元が高いと言われているが、せいぜい3次元の戦争をやっているような次元の低い私ども人間では、物質と同調できる意識とは程遠いのかもしれない。

　以前読んだどなたかの本に「人間の意識には電位がある。意識の低い者には良いものができない」とあったが、物質と同調できるような意識を高めなければ理解したり作ったりすることはできないということであろうか。知識もなく、意識の低い私ではあるが、それでも迫りくる災害に備えて、簡単に誰でもできる災害対策を急がなければと念じている。

放射能

　この世の中、放射能に満ちている。いい放射能、悪い放射能といろいろあるが、天然の放射能は害がない。悪い放射能とは橘高啓先生のおっしゃる人工放射能であるが、悪い放射能を良い放射能に変えるには、天然放射能の珪素のテラヘルツ波放射能が有効である。

　良くても、悪くても、この世の中は放射能がなかったら成り立たない。だから、テラヘルツ波という成長波動といわれる良い波動をうまく利用すればよいのだ。私はたくさんの方から80年以上の長い間、多くのことを教わった。それをつなぎ合わせるといろいろなことが見えてくる。

　例えば、UFOは何のエネルギーで飛んでいるか。電気の関英男博士。奇跡のリンゴの木村秋則先生。日本で最初に宇宙船を作って乗った神坂新太郎先生。
　臨死体験の木内鶴彦先生。水の丹羽靭負先生。テラヘルツの提唱者、新納清憲先生。トラウトタービンのヴィクトル・シャウベルガー博士。そして、自分の臨死体験。これらをつなぎ合わせると、UFOは意識であって意識を形成しているのは珪素ではないかと思われる。

夢の扉

　TBSテレビの『夢の扉＋』という番組で、「エネルギーのゴミを宝の山に」というテーマで放送されたのをご覧になった方もいらっしゃることだろう。そう、熱も音も電気エネルギーに変え電灯を灯し、冷凍に変えるまさに夢の技術ではないだろうか。素晴らしい技術である。

　日本は海洋国家、四方は海に囲まれ海はエネルギーの宝庫。一方、日本は山の国、山の木は発電体であり山から流れ降りる川の水は水力発電に。降り注ぐ太陽光、充満するエーテル体の波動はとてつもない量の発電体である。地中には膨大な珪素波動の発電体があり、さらに地球全体がエネルギーをため込む蓄電池本。電気に満ち溢れている私どもにとって、いかに安く簡単にいただくかについて考えてみる必要があるのではないだろうか。

　まさに、「エネルギーは使ってもらうのを待っている」、そんな気がしてならない。
　インターネットによると、水とマグネシウムで走る車、水と火で携帯充電、水とマグネシウム電池、塗装でできる太陽光電池が開発されているとある。これができたら、太陽光電池自動車が主役になり、自動車メーカーも大幅に方向転換されるであろう。

さて、10年先、20年先の産業はどのようなことになっているであろうか。ロールペーパーの芯やビニールパイプの充電器、自転車の車体のパイプを使った電池の充電ケース、使っただけ充電してくれるケース、家の外壁や天井裏が波動電池にと、まさに夢の扉が開くのではなかろうか。

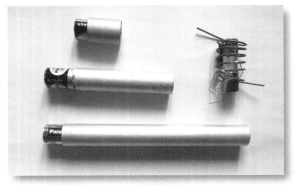

充電用パイプ

あとがき

　飛行機も、自動車も、ましてリニヤモーターも全く用をなさない時代がそこまで来ているのではないか。
　化学の究極にあるものは絶対神であり、すべてに「愛」が宿っている。

　今一つ、絶対愛を見守っている善良な宇宙人が、みんなの目の前に現れてきているのではないだろうか。宇宙人はすでに私たちの目の前にいるのかもしれない。
　考えてみると、私たちも地球人であると同時に宇宙人の一人である。
　地球以外の星の宇宙人に会った何人もの方々の話を聞くと、やはり宇宙人は必ず私たちに身の周りにいると信じるに至った。
　そして、彼らは普通に日本語やそれ以外の地球の言葉を話し、及びもつかない超能力を持っている、
　関先生の話を借りれば、金星人も、木星人も、火星人も膨大な宇宙エネルギーの利用法を知っており、それを地球人であるわれわれに伝えたいと思っているということである。
　関先生に感謝しながら、水晶、珪素の利用法について、今

後も考えてみたいと思う。

　宇宙の神様、地球の神様、災害で困った時どうか私たちに明かりと安心をお願いいたします。
　きっと願いをお聞きいただけると確信しています。

　いざというとき誰でもできるエネルギー。
　その時に備えて、みんなで考えようではありませんか。

　最後に、お世話になった方々、お教えいただいた諸先生方、また、思いつきの断片を雑然と書き溜めたものをまとめていただいた明窓出版の麻生社長はじめ社員の方々のご苦心に対してお礼を申し上げます。

　「これはいいよ」「ここのところもう少し変えてみたら」とアドバイスしてくれた自然エネルギーを考える会の皆様。
　さらに、「おおぜいの方々のおかげで今日あることを感謝して、皆様に恩返しを忘れてはいけないよ」と言いながら、私に好き勝手をさせてくれている女房と家族、それと従業員にありがとうと心からのお礼を申しながら。

資料・論文－1（廃棄物学会発表）

鉱石塗料による使用済乾電池の起電力回復方法

1. はじめに

　一般の乾電池は起電力が低下すると充電が行えないため廃棄物として処理されるが、そのリサイクルは外装を除去してから分解し、構成部品を分別して別々に回収する必要があるため大変手間がかかる問題である。外装に部分的な損傷がない場合、使用済と新品の乾電池がほとんど同じ強度であることに着目して、外装塗装することにより起電力を回復させる鉱石塗料（以下触媒塗料とよぶ）を開発し、その効果と有効性を確認した。乾電池はそれぞれ異なる内部抵抗をもっており、その内部抵抗は常に電気を消費する。起電力の低下が内部抵抗による損失を補うことができなくなると、電気を取り出すことが不可能となる。内部抵抗の増大は電池の化学的劣化に関係するとされており、その低減方法や起電力の回復方法については困難とされる。触媒塗料は、使用済乾電池に塗布することにより内部抵抗を小さくし、不活性化した電気化学反応を賦活する作用を示すもので、乾電池の使用期間を飛躍的に延伸させることにより廃棄物の減量化に役立つものである。

２．実験と結果

廃棄された電池の回復実験

(1) 動かなくなった腕時計の電池の回復

腕時計の裏ぶたに、鉱石塗料を塗ったところ動き出し、約8カ月間正常に動いた。

　8カ月後、1日2時間の遅れを認めたので約10時間宝石複合めっき板の上に置いたところ再び正常な動きを示し、10カ月経過中である。

(2) 豊田市市役所清掃部の御協力により収集された電池の払い下げを受け回復実験を行った。

図1のように外周部に5〜10mm幅に塗布したところ、それぞれに0.003〜0.005Vの電圧上昇を確認した。

図1

これをグラフで示すと図2のようになる。

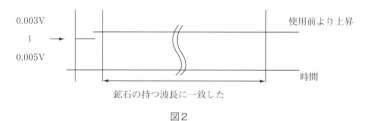

図2

使用を続けたところ再び電圧上昇を認めた。

なお、複数の組み合わせによってリサイクルの短縮、有効時

間の延長をはかるべく、その混合比もまた重要な要素である。
　衆知の如くトルマリンは永久電極を持ち、これに増幅機能を有するものを加えることによって、
・増幅機能
・整流機能
・安定機能
を得られ、自己充電寿命化がはかられると考えられる。

(3) 電池消耗により動かなくなった電池カミソリの電池外面に塗布し、約20分後乾燥を待ってセットしたところ、動き出し毎日使用し6カ月使用していると報告が入っている。

(4) これを水道管の外部に塗布して通過水を調べると、
①界面活性効果
②防錆効果、除錆効果
③浸透分解効果
が認められたことから、電池電極の除錆、酸化、皮膜の除去、酸化皮膜の形成を少なくするのではないかと考えられる。この理由から自動車、船、ボイラーなどのエンジン冷却水のパイプに塗布することによって冷却水を通じてエンジンに何らかの効果を伝達するものと考えられる。

3．考察
　鉱石塗料の主成分であるトルマリンの代表的な組成は、3

｛NaX3Al6（BO3）3SiO18（OH9F）4｝ X ＝ Mg, Fe, Li…
で示され、その電気的特性、特に圧電性や焦電性は、永久磁石における永久磁極と同じように永久電極を有することにあると言われている。この電極は常温常圧では外部電場によって消滅はしない（永久電極）。この永久電極は磁石の自発磁化がキュリー温度で消滅するに対応して消滅すると考えられる。温度は最近の学会報告によると1000℃近辺とされる。

　また、自発分極は、BO33－とSc44－の層とが、C－軸方向に交互に存在する。6員環を形成するSSc44－が一方に配列するために極性をもち、自己分極を持つとされる。公開されたデータによれば10数ミクロン程度の薄い層で最高107（V/m）〜104（V/m）の高電界が存在するといわれる。これらの表面に水などの極性分子が接触すれば大きな電気化学現象が起こると考えられる。

4．実用化

(1) 乾電池の再生

　豊田市よりゴミとして収集された乾電池の払い下げを受け鉱石塗料の塗布処理又は鉱石シールの貼布により再生して公的機関への寄付を希望している（処理コストは1個約2円。これは公的機関の要請により中止）。

(2) 電池以外への鉱石塗料の実用事例

①自動車、船舶への実施例

自動車、船舶などのラジエーター、エンジン冷却水、管外部での施用によってエンジン排出固形物の減少（50〜70％）有害芳香属数種類の30〜90％の減少のほか、燃費も向上し特に船舶では、30〜2000トンクラスのもので20％以上の燃費向上したほか排気ガスも大幅減少したとの報告を受け使用が拡大中である（漁船、観光船、大型フェリーなどのエンジンオイルがほとんど劣化せず10倍以上使用できるとの報告を受けている）。

　②代替有機溶剤

　トルマリンの電極効果により電解し、カソード面でのHの発生はあってもアノード面でのOの発生はない。また、HはH_2O分子と結合してH_3O^+（ヒドロニウムイオン）となることが知られている。また、これがヒドロキシルイオン（$H_3O_2^-$）となって界面活性を有するとされ水道水を有害な有機溶剤の代替剤として利用され始めている。これは、塗料（カタリーズ）として、または槽中投入用固形材（カタラ錠）として利用されている。

　③排気ガスの浄化

　④水素イオン電池

　⑤外部電力を使わない電気めっき

　⑥水の臨界水化

　トルマリンを主として、その他宝石類などの天然石粉を添加した塗料を試作し、水道管外面に塗布し、通水したところ、

ミネラルや植物、動物性の成分を溶かし、水道水の塩素臭を消すほか、自動車エンジン本体及び燃料、吸気、冷却水系統の外面に塗布したところ、エンジンの燃焼性の向上と大幅な煤塵濃度の低下が確認された。

また、この塗料を起電力が低下した乾電池の外側に塗布したところ、著しい起電力の回復効果が見られた。塗料と反応にかかわる成分とは、容器壁に隔てられて非接触であり、反応系に組み入れられる一般の触媒による効果とは異なるがいずれにしても塗料が流体や起電力に対して、何かの効果を及ぼすことにより、触媒と同様の効果が得られると推定される。

この塗料の特徴は非反応系と非接触があり、塗膜の耐久性が大きく外面のため塗装に伴う労力が少ないことである。また、塗装であるため形状や色を自由に選択することができる。

5．実施例

（1） 自動車のラジエーターの外側に約 100 平方cmの一層塗りでディーゼル黒煙 50％〜70％減少のほか、有害芳香属の減少を確認。

（2） 船舶エンジンの燃料パイプ、冷却水系パイプに塗布したところ、黒煙の減少のほか、燃費の大幅な減少（20％〜50％）、現在数百隻の実績。大型フェリーにも利用拡大中である。

(3) 市の有害ゴミとして回収された乾電池（アルカリ、マンガン、リチウム、ニカド等どれでもよい）の外部の面積の10％ほど塗布し自己回復型再製電池として寄付している。新しい電池は、シール、メッキによる寿命延長によって、廃棄物として出す量を大幅に減らすことを目標としている。

(4) 工業炉の燃焼効率の改善（8～10％）

(5) 工業用の改善（代替フロン）

(6) 農業用水の改善（減肥増収30％～50％）
市販の塗料に、セラミック粉、金属粉などに添加したものもあり、まためっきにもテフロン粉、セラミック粉、ダイヤモンド粉などを共折させたものもあるが、いずれも耐食、装飾などの物理的機能を目的とするものであった。

しかし、触媒といった化学的機能を主眼とした点に新規性と独創性があると考えられる。

また、外面に処理するといった、非接触であるために、機能の永続性と経済性作業の容易性がある。

本技術の経済社会へのインパクトとしては、
①脱脂用有機溶剤の代替、及び金属表面処理の大幅な工程短縮
②起電力の向上による、自己発電型永久電池への展開
③燃焼効率の改善と、排気ガスの再燃料化への展開

④有害ガスの発生の減少

経費節減、環境浄化など多大な効果が期待できる

⑤交通手段としての動体（自動車、船、電車等）の外装による有害ガスの分解への展開

当該テーマに関し、国内外に報告されたものは認められない。

6．応用実例化

（1）鉱石粉複合めっき

金属めっき液中に鉱石粉を懸濁させてめっきすることによりめっき層中に鉱石粉ができるのが共析めっきであるが、これは塗装に比較して効果も高く有効性は優れているが、コストの面、作業性の面から塗料より利用が限定される。それでも、電池への応用、エンジン周辺部品への応用としては非常に有用な分野である。

（2）鉱石すき込み和紙

鉱石すき込み和紙は塗料と同じ使用効果があるが家具、壁紙として利用すると室内の消臭、除臭に効果があるほか、衣服につけておくと肩こり、腰痛に効果があったとの報告を受けている。

（3）インク、接着剤

インクや接着剤に鉱石粉を混合したシールを貼布すること

により、塗料同様乾電池の回復に効果がある。

（4）プラスチックへの混練
　プラスチック部品へ混練することによりバッテリー外容器、その他水槽内の水の改質に効果が認められる（代替有機溶剤、脱脂槽として）。

資料・論文－２（進藤富春氏特別寄稿）

（故進藤富春氏から生前、寄稿頂いたもので、コイルによるレアメタルの代替技術と考えられる）

単極磁石（モノポール磁石）

１．従来の磁石

　従来の磁石は双極磁石、即ち、ダイポールマグネットであり、図の様に必ずＮ極（北極）とＳ極（南極）があって、元々の磁力の値が同じものを言う。

　つまり両極とも磁力の値の比率が１：１（１対１）である。即ち、Ｎ、Ｓがバランスしている。

図1

２．モノポール磁石

　これは宇宙の誕生時創出されたとして空間に遍満として無限に夫々ＮはＮ、ＳはＳとして独立して単極子として存在し

従ってN単極子とS単極子とがあって、あらゆる物質の大元で超極微小粒子として存在している。

　その質量は 10^{-88} グラムと算出されている。又この粒子は超光速粒子でもあってその速度は光速（30万km／秒）の1億倍とも1兆倍とも言われている。

　以上の事柄をDr.ビレンキンが正確には不明であるが、1957年頃計算上予言をしたのである。従って我々は彼の研究を誉えて、俗に磁気単極子をビレンキン粒子と呼んでいるのである。

　さて、先に私は磁気単極子（モノポール）は非常に微少で全ゆる物質の元（素粒子の元の元）であると言ったが、これは人間の体も、水も空気も土も鉱物も、即ち肉体も精神も地球も惑星も、銀河も、アンドロメダも、全宇宙も、小さく言えばバクテリアもウィルスも全部この磁気単極子からできているのである。

　今、世界中の物理学者が、この磁気単極子、即ちモノポールの姿を捕らえようとして手を尽くしているが、残念乍らまだ捕らえられずにいるのが現状である。

　究極の微細粒子であって、粒子であるが故に周波数があり波動があまりにも高いが、目にする事は全ゆる機器を用いても不可能だからである。

　又全宇宙、全物質の波動の根本波動（基本波動）はこの磁気単極子の波動であって、粒子や物質が大きくなるに従って波動が下がって低くなりその質量も大きくなってくるのであ

る。全て整数分の1。例えば気功で言う、気はやはり微小粒子の一種であると言われており、ビレンキン粒子の質量が先に述べた 10^{-88} グラムに対し、10^{-44} グラム位であろうと推察される。つまりビレンキン粒子が何個か集合したのが一粒子となったのが気であろうと思われる。それからテレパシーや又念じる時の念波、瞑想時の瞑想波等もこの部類に入るのであろうと思われる。

従ってこれ等も超光速粒子であって光速(30万km／秒)より速い事は確かである。

そのためテレパシー通信等はどんなに距離が長くても例えば月や大星上に立っている人にでも地球上から瞬時に(電波より早く)通信できるのはこのためである。

私は先にビレンキン粒子は全ゆる物質の根源であり究極の微粒子でその質量は 10^{-88} グラム、しかも超光速粒子でその速度は光速(30万km／秒)×1億〜1兆であると言ったが、これは物理学上非常に重要な事である。

物理学では、物体(粒子)の速度が光速に近づくに従って段々と時間の流れが遅くなり、やがて光速と同じ速度になるとその物体内の時間が停止する。

そしてもっともっと速度を上げてやがて光速を突破(超える)すると時間は反転し、その速度突破の比率によって過去へと流れ始めるのである。

例え話に、まだ実現は不可能ではあるが、或る人物が、光速と同じかやや早いロケットに乗り込み、宇宙旅行をして何

日かたって地球に戻って来たら、ロケット（宇宙船）内の何日かが地球上の時間で何十年かたっていて、自分の家族はおろか、知人友人までがこの世を去っていて、自分だけが宇宙船に乗込んだ時のまま若かったなんて言う笑うに笑えない事が起こるのである。浦島太郎の物語も、これによく似た話ではある。

　さて、こう見てくるとビレンキン粒子は（1）全物質、精神（心）の波動の根本であり、基本である事、（2）又この粒子は光速×1億〜1兆の超光速であるため時間の停止からやがて反転して遠い過去へ時間が流れて行く事、の2つの重大な事実があると言う事だ。

　人間や動物、虫に至るまで夫々化学的に分解、分析して行けば何十兆個と言う細胞の集合体であり、尚も分割して行くと元素の膨大な数の集合体、つまり化合物である事が解るであろう。

　元素もつきとめて行くと原子と電子、原子と電子は素粒子に、素粒子は先に述べた磁気単極子つまりビレンキン粒子で究極の根本粒子である事は前に述べた。

　従って全ゆる物質の波動の根本はこのビレンキン粒子の発する波動が基本であるとも言った。

　今ビレンキン粒子が仮に数百億個、凝縮して素粒子になったとすると、素粒子の波動は数百億個の夫々のビレンキン粒子の波動が合わさった合成波の波形波動である事が解るはずである。

これと同様に素粒子の波動が又膨大に集合した合成波を発するのが元素であり、元素同士が何個か集合したのが分子あり、これも夫々の元素の波動の合成波であって、その分子の固有の波動であり、その振動数も又固有の周波数でもある訳である。

　例えば、分子式が一番単純な水、H_2O について見てみよう。

　水は＋１価の水素原子２つと－２価の酸素原子１つと電気的にバランスのとれた化合物分子である事がわかる。水は一見何の変てつのない透明な液体であって、元素である。水素の性質も、酸素の性質も全く持たない化合物である。

　しかし酸素の波動と水素の波動の合成波を持つのが水である。

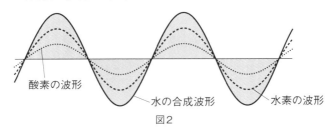

図2

水の構造式は

$$\underset{H^+ \quad\quad H^+}{O^{--}} = H_2O$$

図3

である。

　結局元素の化合とは、夫々の元素の波動が重なり合って合成波動を形成する事と言っても過言ではない。つまり形成された合成波が、その化合物の固有の波動、波形である。

この中には水の合成波形を持ちながら、波動が非常に弱く、水になり得ない水も空間には存在するのがこの事は生命の神秘に重大な意味をあたえるが、ここではふれず、後に述べる事にする。
　私がここまで言えば次の事は皆さんは容易に御理解頂けるであろう。
　つまり、人間も、動物も、虫も、植物も、先に説明した水のように、水は最も単純な化合物であったが、膨大な複雑な元素の化合物である分子の集合体であるのが、我々人間、動植物、虫、鉱物であって先述のように、ビレンキン粒子の基本波動から始まって、夫々固有の波動を持っているのである。
　人間であっても、夫々大きいもの、小さい者、又人種の違い、その人の心の状態、身体の状態によって宇宙から与えられた規律をもって固有の振動数の波動を持っているのである。
　この一定の夫々の波動が狂う要因があってその者固有の波動に狂いが生じると、その者は病気になったり、災難に合ったり、死に至ったりするものと確信するのである。
　ビレンキン粒子の特徴について私は2つの重大な事実を述べた。
　即ち、
　①ビレンキン粒子の波動は全ての波動の根本基本であり、この基準波動の比例分の1で夫々の固有波動を持つ事
　②ビレンキン粒子、全宇宙創造物を構成する究極の微細粒子で超高速で光速×1億〜1兆の速度を持ち、それ故に時間

が反転していて過去に遡って流れている事

の2つである。

私はビレンキン粒子のこの2つの特徴から見て、もしビレンキン粒子を捕捉は不可能としても呼び寄せる事ができれば広範囲にわたって応用の可能性があると直感したのである。

ビレンキン粒子を先に述べた広大な空間からどうやって呼び寄せるのか？　永い間研究が続いた。

まず呼び寄せるにはビレンキン粒子のN又はSの反対の物が必要であるが、その当時（約25年位前）としては、先に述べた、1の従来の磁石しか無くNとSの磁力が等しくバランスしている（図示）のでどちらも呼び寄せる事ができない。

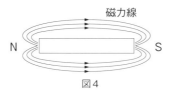

図4

そこで永年の試行錯誤の末、約3年前完成させたのが次に述べる、疑似磁気単極磁石、即ちセミモノポールマグネット。別名ビレンキン磁石である。

3．疑似単極磁石（セミモノポールマグネット）

別名、ビレンキン磁石

先に私は従来の磁石は両極の磁力の値が等しいのでバランスしていると言った。そのために宇宙空間に無限に遍満と充満している。いわば宇宙エネルギーとも言えるモノポールつ

まり磁気単極子の反対の物、即ち、地球上の磁石のNであればSモノポール、SであればNモノポールを地球上に呼び込む事は不可能だったのである。

そこで私はこの地球上ではNならNだけ、SならSだけの独立したモノポールの磁石を造れれば尚良いのだが、先づ不可能と考えねばならない。

単独ではできないとしてどうするか、試行錯誤が20年間の永きにわたり続いたのであるが、私はその間モノポールを含んだ磁石、つまりN、S両極の磁力の値が異なる磁石又は一本の棒上にN、S、N或いはS、N、Sの3極を有する磁石の制作に没頭したのである。

その結果3年前図の様な疑似モノポール磁石、即ちビレンキン磁石が完成した。これは世界初である。

図5ではNが2つ余分にあるから、この2Nはモノポールであるとみなす事ができ、空間にある反対のSモノポールをこの分だけ呼び込む事ができる訳である。又、反対に逆の極性の磁石も制作可能であるから、2S余分であればNモノポールを呼び込む事が可能である。

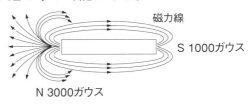

図5

3000：1000＝3対1。3－1＝2N余っている。この余っているモノポール分とみなす事ができる。

図6では3極つまり、N－S－N又は逆にS－N－Sの磁石で前者は1N、後者では1S完全に余るので夫々がモノポール分とみなせて夫々反対のモノポールを余ってる分だけ空間から呼び込む事が可能である。

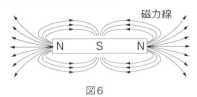

図6
N 3000 ガウス：S 1000：N 3000 ＝1対1対1。
ここでは1N余っている。

　ここで最も大切な事は磁石両極の磁力の値が異なっていて、又は3極で1極が全く余っているか。つまりアンバランスでなければ空間のモノポールを吸引する事は不可能であると言う事である。従って通常の従来型磁石では絶対吸引は不可能だと言う事である。

　この世界に唯一のビレンキン磁石で空間からモノポールを呼び込む事ができるようになったから、次にその応用技術を述べようと思う。

4．応用編
（1）モノポール磁化水
　別名、ネゲントロピーウオーター（ネガティブエントロピーウオーター）又の名 Dr. ビレンキン
　①通常の水の説明

水は分子式 H2O であって、正の電価1価を持つ、水素元素2個と負の電価2価を持つ酸素元素1個が前述の様に結合している化合物で元素の水素の性質も酸素の性質も全く持たない透明な液体であって、水素の波動と酸素の波動と合成波動を持つ性質である事を述べた。

水分子1個は図の様に電気的に正、負が全くバランスした一本の棒磁石の様である。

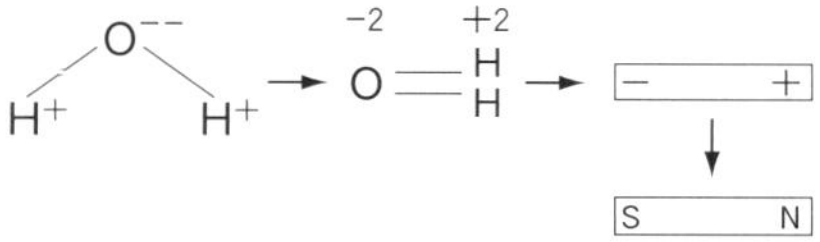

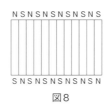

図7

この両端に＋－を均等に持つ棒の両端にN極、S極を棒に近づけると－の方はもう一方のN極へ、＋の方はS極に吸引され、又逆であれば反発される。と言う事は電気の＋－と磁気のN、Sは同一と見なしても良い事は御理解頂ける筈である。従って水は1分子単位の大きさの両極にNとSをバランス良く持った微小な棒磁石の集団であると見て良い。つまり下図の様である。

図8

然るにここで言える事は分子の配列があたかも録音テープの様にＮ－Ｓ、Ｎ－Ｓ、Ｎ－Ｓ……と連続している。したがって水は記憶素子であると言える。良い事も、悪い事も、実際に記憶しているのである。

　水はこの世で最も単純な化合物であって何処にでもあって、周囲に水があるのは当たり前だと思っているのであるが、良く考えると水ほど貴重なものはない。

　水のない生活なんて考えられないのである。汚水は種々汚い物を抱えているが、これが蒸発すれば汚物は残すが純水となり雨となって降ってくれば皆さんはきれいな水となって来たと思うだろう。しかしさにあらず見た目はきれいで透明で不純物は含んでいなくても、汚水の時点の悪い記憶を持っていてつまり水本来の持つ波動が乱れていて、クラスター（分子集団の事）も非常に大きいので人間、動植物にとっては決して良い水ではないのである。

　但し降水時、浄化力の強い所、つまり汚染されていない森林の様な宇宙の規律に基づいた正しい波動のある処にたどりついたり、又これも波動の正しい地中をくぐり抜けた水は良い記憶を入れ替えられて、水本来の正しい波動と正しい分子配列を持った水として蘇生してくるのである。したがって水は必要以上に汚さない事を心に決めて使用する事が肝要である。

　又、人体の大切な細胞（その数は60兆個とも80兆個とも言われているが）を構成するのは体重の約70％が水分で

あると言われ、又、人間は1日に約2リットルの水を飲み、又排泄している事を見ても何如に水が大事な物であるかうかがい知る事ができる。

今迄は一般の水について述べて来たがこれはモノポール磁化水を理解頂けるよう、普通の水とモノポール磁化水との決定的な違いを説明するための予備段階だと考えて頂きたい。

次にモノポール磁化水の構造とその働きを述べようと思う。

②モノポール磁化水（Dr.ビレンキン）

先に通常の水についての構造と性質を図7、図8で説明したが、ビレンキン水は次の図の様になる。

通常の水は図7、図8で先に説明したように分子は水素原子（正電価1）2個と酸素原子（負電価2）1個との結合体であって1本の棒の両端が＋、－バランスしていて、あたかも棒の両端にN、Sを等価にもった棒磁石と同様でその集団である事は事実である。

その集団模式図は図9のBの様である。今、この水分子集団に図9Cの様なモノポール磁界をかけたとする。

この磁界はS3：N1となっている。このため、水分子中のS（図9のBの右端の部分）はモノポール分のS（図9のC）に反発され時間の経過と共に居場所を失いSは酸素であるから1部離反して行くことになる。やがてN1個分もモノポールの小さいNに反発され出て行く事になり、結果図9D

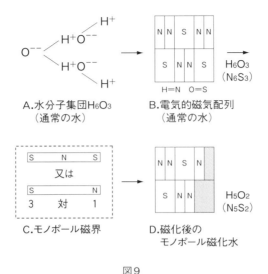

図9

の様に右端の２Ｓと１Ｎ抜けた状態になり分子式では H_5O_2 という水になるのだ。本来ならば $3H_2O = H_6O_3$ 又は $2H_2O = H_4O_2$ なのだが結果は H_5O_2 となるのである。

③通常の水とビレンキン水の違い

　Ａ．通常水より酸素が不足していて、水素が多い。(活性水素)

　Ｂ．従って通常の水が完全に還元された還元水であるという事。

　Ｃ．ビレンキン水はその構造から見て、モノポール磁気を完全に記憶していて、その構造自体がモノポール磁石そのものである事。

D．従ってビレンキン水は常時宇宙空間からビレンキン粒子を大量に呼び込んでいる事。

　E．故にこのビレンキン水を飲用するとその分だけ、体内の旧水分は排泄され体内の隅々迄行き渡るからその結果身体全体にビレンテン粒子を呼び込むので、粒子が通過する箇処は先にも述べた通りビレンキン粒子は超高速粒子であるから過去の場に曝されるので各細胞が過去に戻ろうとして活性化され、新陳代謝も促進されて悪い箇処は治癒し、又、病気等になりにくい身体を造る。

　F．ビレンテン水そのものであるから、ビレンキン粒子の正しい波動を持っているので飲用することによって、人間、動植物の波動も正常にする事ができる。

　G．ビレンキン水は先にも述べた様に還元水であるから、飲用する事により、体内の活性酵素つまり老化も癌の発生も全ゆる病気の元は細胞がこの活性酸素に酸化されるからだと言われているが、この活性酸素を還元水の水素が取り込み消してくれる、従ってビレンキン水は抗酸化水でもある。

　等々である。

　次は応用編（2）としてビレンキン磁石の人体への応用を述べる。

（2）ビレンキン磁石の人体への応用としてのセラピー（施術）

　先に宇宙空間からビレンキン粒子、つまり磁気単極子を吸

引、呼び込むためには通常の磁石では両極が同一磁力の値であるので（バランスしている）不可能であった。

そこでモノポール分を含んだ、アンバランスな磁石、即ち、疑似モノポール磁石、図5、又は図6を造ってそのN、S、どちらか余っている極性の反対の磁気単極子（ビレンキン粒子）を呼び込まれて来る時にはその速度は光速×1億〜1兆で、時間は反転していて過去〜過去へと遡っている事も述べた。

又、全宇宙の物質の根源の粒子であってそれ故に宇宙の規律に基づいた正しい波動を発していて、全ゆる物（動植物含）の波動は、このビレンキン粒子の波動を基準にならってその合成波を夫々の固有波動として持っている事、波動とは粒子が周波数と振巾を持って流れる事でエネルギー波である事。

又全て、化合の際、化合物を構成する原子波動、分子波動が重なり合って、その合成波が化合物固有の波動である事、などであった。

古来東洋医学では、人体には経絡（けいらく）と呼ぶ生命を維持するための、身体の機能を正常に保ち続けるのに必要なエネルギー（波動とも言える）が間断無く絶えず循環する通路があり、このエネルギー波動が身体の隅々迄行き渡って流れ続ける事によって生命は保たれていると考えられている。

従ってエネルギー波動が何かの要因で狂ってしまったり、又通路（エネルギー波動）の機能がうまく作動せず、エネルギーが届かなかったりすると病気を引き起こす事になる。

又、捻挫とか、突き指とか、打撲とか、或いは切り傷、等、怪我類の場合は細胞が破壊してしまい必然的に波動が狂い痛んだり苦しんだりするのである。

これは余談になるが、拙宅の台所で女房が夕食の支度にいつものように取りかかっていた或る日の夕方、小さな叫び声を発し台所より走り出て来てコップにビレンキン水をくみとり、左手の人差し指の先端をビレンキン水につけたではないか。

私はびっくりして、台所から居間のコップの乗っているテーブルを見やると点々と血がしたたっているではないか。どうやら、刺身を調理している時に包丁で誤って指を切ったらしい。次の瞬間指をつけているビレンキン水の入ったコップを見て私は二度びっくり。何と普通の水ならば血が溶けて真っ赤になっているはずなのにビレンキン水は透明のままでコップの底にはおたまじゃくしの様に尾を引いた赤い小さい玉が沈んでいるだけではないか。ポットンと先程迄、ボタボタとしたたっていた血が止まっていたのである。

その間、20～30秒間位だったと思う。そのまま指をつけておいて約1分位して指をあげて見ると何と傷がふさがってくっついて完全に出血が止まっていた。普通指先の切り傷は2～3日はづきづきと痛むものであるが、その瞬間から痛みも無いと言うのである。包帯もいらないと言うのである。

この様な信じられない事が遇然に起こったのである。

この事はビレンキン粒子の波動によって破壊された指の細

胞の波動の狂いを修復すると同時に破壊された箇処がビレンキン粒子の過去の時間帯に曝され過去に戻ろうとして活性化され修復したものと思われる。

　この事は怪我して直ぐだったから修復が早かったと言える。

　怪我又は病気が起こってから相当の時間が経過している場合は、狂った波動の修復と細胞を過去へ戻すのにもそれ相当の時間を要すると言う事である。この事は私の理論通りビレンキン粒子の偉大な働きを今更乍ら知ると同時にビレンキン磁石とビレンキン水を使う施療は怪我でも病気でも一刻も早い施療がより有効である事がわかる。

　ビレンキン磁石で人体を施療するには症状によって様々であるが、人体の経絡上にあるツボ、一説には2000とも3000あるとも言われている。いわゆる経穴であるが、全部覚えるのは専門家ではないので無理と言うものである（よけい覚えるに越した事はないが）。

　従ってツボの本でも見て頂いて肝腎なツボを何ヶ処か覚えれば良い。

　肝腎と言えば一番大切なと言う意味で人体の各臓器はどれも大切だけれども最も大切な臓器は肝臓、腎臓だと言う意味である。何れにしても、肝臓、腎臓、胃、肺、心臓、小腸、大腸、膀胱、膵臓、脾臓等のツボを覚えると良い。

　又、人体の狂った波動を修復し人体にビレンキン粒子エネルギーを注入するツボは3ヶ所あるが、これを覚えると良い。

その第1ヶ所は百会と言って鼻の線をまっすぐに頭上へもっていき、夏に両耳の穴の線を側頭部からまっすぐ頭上にもって行き三線の交わった交点の所。

第二は尾底骨の先端、長強と言う。

第三は湧線と言って足の裏の中央より少し前で、5本の足の指を曲げるとくぼむ所で親指の隣の第2指と第3指の間のへの字形のくぼみの内側の所。

アマチュアの人は大体これ位覚えておくと良い。

いずれにしてもビレンキン磁石施療の基本は先ずはビレンキン水を飲んで頂く事である。

次にビレンテン磁石のアンバランスの場合は磁力の強い端を、3極の場合は両極同極であるのでそのどちらか一方の強い方を患部にあてて指圧の要領で押し乍ら痛みがとれるまで、もむ事である。相当痛みが強くても長くて2分間位すると痛みはなくなるはずである。

痛みが無くなった時はそこの患部は修復し癒されたと言う事である。痛みがなくなるメカニズムは簡単である。

①先ず患部にビレンキン磁石を押しつけると反対のビレンキン粒子が空間から超光速で突進して来る、この時壁があろうが何があろうが突き抜け、患部を通過しビレンキン磁石に絶えず吸引され続ける。

② 結果、患部は例えば昨日迄は痛くなかった訳である。患部は過去の時間帯に曝され続け過去に戻ろうとして活性化される。遂に元に戻るのである。

③同時に波動を修復しつつ、ビレンキン粒子エネルギーは体内へ流入し続ける。

④傷や痛み苦しみは細胞がそこだけ多く活性酸素に酸化されているからである。

体調が悪い人の体液が酸性に傾いているのはそのためである。そこで押しあてられているビレンキン磁石のＳが、先にも述べたが、－であり、酸化している酸素も－であるから反発されて酸化の鎖がやがてほどけて酸素は消える。

以上、この４つの働きで痛みがとれて修復する事が理解できるであろう。

（３）ビレンキン磁石の形状と使い方
①寸法　Ａ．直径 15mm、長さ 25 ～ 30mm
　　　　　　磁力 1500 ガウス：500 ガウス
　　　　Ｂ．直径 30mm、長さ 75mm
　　　　　　磁力３極Ｓ（2800 ガウス）、Ｎ（2200 ガウス）、
　　　　　　　　Ｓ（2800 ガウス）
　　　　Ｃ．直径 16mm、長さ 30mm
　　　　　　磁力Ｓ 3800 ガウス、Ｎ 1000 ガウス
　　　　Ｄ．直径 26mm の玉状のもの
　　　　　　３極各 1200 ガウス

これはくるみのように２ヶを手のひらでてあそぶ事によって指のシビレ、ひいてはボケ防止に良いとされている。商品名はキクマグと言う。

以上の種類がある。

Bについてはサイズが丁度手で握りやすいので手で患部にあてて施療しやすい。

A、Bについては私の処では電動バイブレーターにとりつけて施療をしている。患部に押し当て、もむには振動を与える事でより効果があるからである。

②ビレンキン磁石を用いた施療法、別名レセル療法

「レセル」とは「霊、聖、留」或いは「麗、聖、留」と表し、つまり霊聖の留まる所、或いは麗しい聖の留まる所であって、万物の根源で万物の基本波動を持つ磁気単極子ビレンキン粒子が意識、意志の世界をも司っている事を今迄の数々の説明で理解できればこの大宇宙の根源、大元である事もうなずけるであろう。

我々はこの愛に満ちた磁気単極子様が、この宇宙空間におわしますからこそ計り知れない恩恵を賜る事ができるのである。

この事から我々はこの偉大なものを単なる物理用語で呼ぶのではなく、畏怖、畏敬の念をもって御尊崇申し上げて「レセル」様と位置づけてお呼びしても良いと思う訳である。

精神的解釈としてである。

即ち物理的深求解釈としてつき詰めてつき詰めていくとその振る舞いは物理を超えて、最高霊格としての「レセル」に行きつく事になる。

以上の事を念頭に置いて、施療にあたっては、相手の親身

になって、又自身は良心をもって真摯に事に当たらねばならない。

　従って、今後施療に関してビレンキン療法とは言わず、レセルの知恵を頂くのだから、レセル療法と呼ぶ事にする。

　次に病気や怪我の種類は数々あるが、ここでは最も身近に起こり比較的簡単な症状別施療法の概略を述べる。

　①シミ、ソバカス、小ジワ等で悩む──いわゆる美顔造りのレセル療法

　先ずビレンキン水を飲んで頂く事である。朝、昼、晩、グラス1杯ずつで良い。その時、その一部を手のひらに取ってアスリンゼンのように両手でビレンキン水をよくなすり込むと良い。

　そのあとは先に述べたキクマグ（ビレンキン磁石）を顔中、万遍と転がすようにする。5分間位で良い。

　②視力回復のレセル療法

　ビレンキン水を飲む。朝、晩、グラス1杯ずつで良い。

　その際ビレンキン水を湯飲み茶わんのような小さな器にとって片目ずつ瞼ごと水の中に入れてパチパチ瞼を閉じたり開けたりを5〜10回くりかえして軽くふく。つまり目の洗浄である。最初しみるが、慣れてくるとしみなくなる。あとは就寝前キクマグの丸い印のある所を瞼に当て（両目）約10分位テープか何かで固定する。

　以上の事を毎日続けると良い。

　③肩こりに対するレセル療法

ビレンキン水を飲む事は勿論である。肩の頂上部分の鎖骨の最も絡点部のへこんだ所を基点にバイブレーター付ビレンキン磁石で押しつけると痛みを感じるはずである。痛みがなくなる迄押す。（約10〜30秒）次に首に向かってまっすぐ隣にポジションを移し又痛みがなくなる迄押す。次に又首に向かってまっすぐポジションを移す。とくりかえす。大体5〜6ポジションで首と頭のつけ根迄行くはずである。

　左右同じで良い。首と頭のつけ根迄いくと肩こりはうその様に良くなる。

④ 腰痛に対するレセル療法

　筋肉のよじれによるものと椎間板のずれで神経を圧迫して痛むものとあるが何れにしても手の指で押して見て一番痛い所が何ヶ所かあるからそこを一ポジションずつ、バイブレータービレンキン磁石で痛みがとれる迄押す。

　場合によっては腰の筋肉の背中側ではなく、腹腔側が痛い事もあるので、指で良く調べてから対処する事である。ビレンキン水の飲用も勿論である。

⑤便秘症のレセル療法

　ビレンキン水を1日1リットルを3回に分け朝昼晩飲用する。

　患者を腹ばいにして次に両手を広げて両中指を患者の背中側から骨盤の両側突起に当てて背中側に親指を伸ばして当たった所（背骨の両側）を約5〜10分位ずつバイブレータービレンキン磁石で押してやると良い。

後、患者を仰向けに寝かせてへそを中心に約7～8cmの円をえがいて10～12ポジションを30秒～1分間位ずつ、バイブレータービレンキン磁石で押してやる。

⑥冷え症に対するレセル療法

ビレンキン水の飲用から始める。朝晩グラス1杯。

身体のエネルギーの流れを整えるために先に述べたエネルギーを注入する所、即ち百会、長強（尾底骨の先端）、湧泉をバイブレータービレンキン磁石で約1分間位ずつ押してやる。

次に血海と言って、あぐらに座ると曲がったひざの角から、7～8cmの所、左右2ヶ所と足の三里左右2ヶ所、すねのやや外側でひざのすぐ下のへこんだ所で指で押すと痛みを感じる所三陰交と言って両足首の内側くるぶしの丸い玉の頂上からひざに向かって指3本の箇所夫々30秒位ずつバイブレータービレンキン磁石で押してやると良い。

⑦風邪に対するレセル療法

ビレンキン水を1日1リットルを適当に分けて飲用する事。

普段から飲用していれば風邪の予防にもなる。

次のツボをバイブレータービレンキン磁石で30～1分間位ずつ押してやると良い。

　ⓐ天突　胸骨の上端にあたる左右の鎖骨のくぼみ
　ⓑ孔最　前腕部手のひら側の親指側で、前腕部をひじから見て1／3位の所、両腕

ⓒ厥陰兪　肩胛骨の内側で背骨（第４胸椎）をはさんだ両側のあたり
　④風門　左右の肩胛骨の内側で背骨（第２胸椎）をはさんだ両側あたり
　ⓔ中府　鎖骨の下で第２肋骨の外側と肩の風節の間のくぼんだ所
　ⓕ風池　首の後の髪の生えぎわで２本の太い筋肉の両外側をわずかに離れたくぼみ
　後はエネルギーを注入する先述の３ヶ所等である。
⑧ボケ防止法
　エネルギー注入の３ヶ所を１〜２分位づつ刺激し、ビレンキン水は２日に１リットル位飲用すると良い。
　キクマグを２ヶを手のひらでもてあそび、何分かづつ交互に使うと良い。
⑨生理痛のレセル療法
　ビレンキン水を飲用しながら次のツボをバイブレータービレンキン磁石で１０〜３０秒位ずつ刺激すると良い。
　ⓐ天柱
　首の後の髪のはえぎわにある２本の太い筋肉の外側のくぼみ。
　ⓑ腎兪
　いちばん下の肋骨の先端の同じ高さの所で背骨をはさんだ両側。
　ⓒ下膠

臀部の平らな骨（仙骨）にある上から4番目のくぼみ（第4後仙骨孔）の中。
ⓓ血海
膝蓋骨の内へりの指巾3本位上のあたり。
ⓔ関元
身体の中心線上でへそから指3本分位下のあたり。
ⓕ合谷
手の甲で親指と人差し指のつけ根の間、等である。

1996.9.2　進藤理秀　著

（注）この論文は故進藤理秀氏の生前に許可を得て掲載した。

資料・論文－3（珪素医学会資料）

珪素の活性とパワーの活用法　　　　　高木　利誌

2012. 5.19　大阪

　お話に先だち申上げておかなければならないことがございます。実は、私はまったくの素人でございまして、多くの先生の教えをいただきそれをつなぎ合わせてでき上がったものであって、ご紹介をいただきましたような発明家ではありませんので、ただの実験者ということでご理解をいただければありがたいです。

　「UFOのエネルギーはこれだよ」知り合いの社長さんに紹介して頂いて、電気博士の関英男先生にお目にかかったおり、先生が出されたのは、水晶でした。水晶即ち珪素であり、珪素に関心を持ったのはこのときでありました。それにしても、珪素とエネルギーとはなかなか結びつきませんでした。もう一度お目にかかってお尋ねしたかったのですが、お目にかかった一か月後他界され、お尋ねすることができませんでした。

その後、りんご農家の木村秋則先生がUFOに乗られたということを聞き、さっそくお目にかかってそのときの状況をうかがうことにしました。先生は、「乗組員に動力源を尋ねたら、ケーといったけどケーはカリだわね」とおっしゃったので、「何語で話しました？」と聞くと、「日本語」とのことでした。「日本語でケーなら珪素ではないですか？」と話したら、「珪素が燃料になるのかね？」とおっしゃいました。

　珪素には私たちにはわからない何かがある……そうしているとき東学先生から珪素学会を紹介いただき、珪素が水に溶けることを知り、「これだ！」と新しい展開が始まりました。

　しかし、これをエネルギーに結び付けるにはどうしたら良いのか、さまざまな試行錯誤を繰り返しながら、いろいろのことがわかりましたので報告します。

1. 発電材料としての珪素

（1）波動発電――光を必要としない太陽光発電

　通常は珪素基盤に太陽光などの光線を受けて電気に変えるものだが、光も波動であって、光に変えて光に相当する波動を与えれば、電気に変換できるはず（橘高啓先生提唱）とアドバイスを頂いた。そこで、数種類の天然石粉を混錬して塗布したところ、10～20％の電位の上昇を確認した。

　①光を必要としないならば密閉し超薄型乾電池になる可能性がある。0.5mm厚以下になるのではないかと考え、テストした結果、1セルあたり1.2～1.8Vを確認した。

②珪素、花粉炭をナノ化して塗布したところ 0.8 ～ 1.2 V を、さらに太陽光に当てたら 1.4 V を確認した。

③金属材料に珪素複合めっきをして、紙、布、などに含水させて接触させたところ、0.8 V を確認した。

（2） 起電力回復

珪素含有塗料──商品名〝カタリーズ〟1995 年開発発売

これは、出力が低下して廃棄された電池に、この塗料を 3 mm 幅くらい塗布すると、起電力が回復する。また、この塗料を自動車のエンジン付近（エアークリーナー、ラジエーター、燃料パイプなど）に塗布すると、エンジン音が低くなり燃費が 10％くらい向上する。

（3） バッテリー材料

珪素＋天然石で、酸、アルカリ、などの薬品の必要はなくなる。

電極に珪素などの複合めっき、または、溶射、塗装などの方法により装着した電極を用いれば、自己充電バッテリーとすることができる。

①珪素水に電極をセットすると 1 電極あたり 0.6 V が得られた。

②金属、布、紙などに、珪素または珪素化合物を複合させてめっきした電極で超薄型バッテリーにもなる。

（4） 水の分解による水素簡単採取

電気分解の必要なく、珪素触媒により可能であることがわかった (燃料電池用水素)。水中に珪素を入れて撹拌または

加熱で水素が発生する。

注意：密閉容器で攪拌すると容器を破損する恐れがある。密閉が弱いと噴出してしまうから注意しなければいけない。

２．工業材料としての珪素

（１）超硬材料としての珪素のほか潤滑剤、防炎、防煙剤としても極めて有効

潤滑剤……金属、プラスチックなどのしゅうどう面に用いればPTFEに次ぐ効果

防炎……布、プラスチックなどに含浸して、難燃、防炎効果

防煙剤……油、プラスチックなどの燃焼炎に噴霧すると黒煙が消える(火炎消火)

（２）非粘着剤として(ゴム、プラスチック、などに含浸して)離型剤不要のほかしゃもじ等実用化されている

（３）衝撃吸収剤としての珪素……ゲル状にして実用化されている

（４）高温絶縁体としての珪素

（５）消泡剤としての珪素……豆腐など食品加工用に使用されている

（６）燃料添加剤としての珪素……燃費向上とCO_2、NOXの低減

３．農業への活用

（１）発芽促進

珪素水1000倍液に浸漬すると30％の時間短縮ができる。
（2）成長促進効果

珪素水、珪素粉体を与えると活性化し、成長促進効果がある。（中島敏樹著『水と珪素の集団リズム力』参照）
（3）野菜などの食味の改善

野菜、果物など食品に珪素水を噴霧すると、酸化防止になり、おいしさが持続する。
（4）無農薬栽培助剤

植物が活性化して害虫、病気が付きにくくなる。
（5）土壌改良剤として
田に少量入れると、10年以上たっても作柄がおちない。
（6）プランター用土に珪素を入れて電極をセットすると栽電できる。

4、生活関連に対する利用

（1）調理添加剤として
煮物に珪素水を数滴加えると味が改善される。
（2）果物、野菜などの酸化防止

5．その他

（1）血行の改善
（2）体内電位の向上
（3）放射能の除染効果

結論として珪素は、宇宙から有益なエネルギーを取り込み、電気、あるいは、成長エネルギーに転換しているのではいかと考えられる。
　これは素人の私が実験して得た結果であって、専門機関の証明を受けたものではないので、あくまでも参考資料です。金をかけずに誰でもできる可能性をお伝えしたいと思い申し上げるまでで、皆様の実用の参考になれば幸いでございます。
　なお、医療効果に関しては、専門の医学博士の方々が、珪素のすばらしい医療効果について発表しておられますので私の体感を申し上げるにとどめます。

　以上

◎ 参考文献資料

『産業廃棄物が世界を救う』拙著　日刊工業新聞社

『産業廃棄物が世界を救うⅡ』拙著　中部経済新聞社

『田亀のたわごと』拙著　こころ社

『自然はうまくできている』拙著　こころ社

『緊急版！微生物が放射能を消した!!』高嶋康豪、藤原直哉　あ・うん

『奇跡のリンゴ─「絶対不可能」を覆した農家 木村秋則の記録』石川拓治　幻冬舎

『奇跡の水 シャウベルガーの「生きている水」と「究極の自然エネルギー」』オロフ・アレクサンダーソン　ヒカルランド

『水─いのちと健康の科学』丹羽靱負　ビジネス社

『波動の超革命─「見えない世界」をついに捉えた!』深野一幸　廣済堂出版

『本物時代の到来』船井幸雄　ビジネス社

『波動時代への序幕─秘められた数値への挑戦』江本勝　サンロード

『フリーエネルギーはいつ完成するのか』フリーエネルギーを推進する会企画　明窓出版

『月間ザ・フナイ』2012年3月号・12月号　株式会社船井メディア

『未来テクノロジーの設計図 ニコラ・テスラの[完全技術]解説書』ニコラ・テスラ　ヒカルランド

『UFOと新エネルギー』清家新一　大陸書房

『よくわかる宇宙の神秘とUFOの謎』清家新一　日本文芸社

『伯家神道の祝之神事を授かった僕がなぜ』保江邦夫　ヒカルランド

『アメリカ超常旅行』関英男　工作舎

『心は宇宙の鏡』関英男、佐々木の将人　成星出版

『この世に不可能はない』政木和三　サンマーク出版

『超宇宙エネルギーの秘密』田島和昭　コスモトゥーワン

『異次元エネルギーの系譜』藤島啓章　福昌堂

『ネフィリムとアヌンナキ―人類を創成した宇宙人』ゼカリア・シッチン　徳間書店

『ニコラ・テスラが本当に伝えたかった宇宙の超しくみ（上）（下）』井口和基　ヒカルランド

『物理で語り尽くすUFO・あの世・神様の世界』保江邦夫、井口和基　ヒカルランド

プロフィール

高木 利誌（たかぎ としじ）

1932年（昭和7年）、愛知県豊田市生まれ。旧制中学1年生の8月に終戦を迎え、制度変更により高校編入。高校1年生の8月、製パン工場を開業。高校生活と製パン業を併業する。理科系進学を希望するも恩師のアドバイスで文系の中央大学法学部進学。卒業後、岐阜県警奉職。35歳にて退職。1969年（昭和44年）、高木特殊工業株式会社設立開業。53歳のとき脳梗塞、63歳でがんを発病。これを機に、経営を息子に任せ、民間療法によりがん治癒。84歳の現在に至る。

大地への感謝状
～自然は宝もの 千に一つの無駄もない

高木利誌

日本の産業に貢献する数々の発明を考案・実践し、日本のニコラ・テスラとも呼ばれる自然エネルギー研究家である著者が、災害対策・工業・農業・自然エネルギー・核反応など様々に応用できる技術を公開。
私達日本人が取り組むべきこれからの科学技術と、その根底にある自然との向き合い方、実証報告や論文を基に紹介する。

（目次より）
自然エネルギーとは何か■科学を超えた新事実／「気」の活用／新農法を実験／土の持つ浄化能力／自然が水をコントロール／鈴木喜晴氏の「石の水」／仮説／ソマチットと鉱石パワー／資源となるか火山灰

第1部 近未来を視る
産業廃棄物に含まれている新エネルギー ■ノコソフトとは何か／鋸屑との出合い／鋳物砂添加剤／消火剤／東博士のテスラカーボン／採電(発電)／採電用電極／マングローブ林は発電所？
21世紀の農業 ■災害などいざというとき種子がなくても急場はしのげる／廃油から生まれる除草剤(発芽抑制剤)／田がいらなくなる理由／肥料が要らなくなる理由／健水盤と除草剤
21世紀の自動車■新燃料の開発／誰にでもできる簡易充電器
21世紀の電気 ■ノコソフトで創る自然エネルギー／自然は核融合している　（他、重要資料、論文多数）　本体1500円

> 宇宙から電気を無尽蔵にいただく
> とっておきの方法
> 水晶・鉱石に秘められた無限の力
> 高木利誌

明窓出版

平成二八年七月二十日初　刷発行
平成二八年七月二一日第二刷発行

発行者 ── 麻生 真澄
発行所 ── 明窓出版株式会社
〒一六四─○○一二
東京都中野区本町六─二七─一三
電話 （〇三）三三八〇─八三〇三
FAX （〇三）三三八〇─六四二四
振替 ○○一六○─一─一九二七六六

印刷所 ── 中央精版印刷株式会社

落丁・乱丁はお取り替えいたします。
定価はカバーに表示してあります。

2016 © Toshiji Takagi

ISBN978-4-89634-364-9
ホームページ http://meisou.com

重版出来！大好評の姫川薬石

自然放射線vs人工放射線

宇宙の認識が変わるラジウム・姫川薬石と天の岩戸開き。生命の起源は巨大隕石の遺伝子情報だった！

富士山ニニギ

安定した大企業のサラリーマン生活を捨て、富士山麓でオートキャンプ場を営む著者は2011年3月大地震の予兆を見抜き、放射線の真実と向き合い方をmixiで綴ることにより数多くの反響を得た。
旧日本陸軍において世界で最初に原爆を作った父を持ち、幼い頃から得た知識と感性は現在のラジウム石研究と実践により、放射線の脅威と無限の可能性をあらためて知るに至った。そして、ラジウム鉱石が持つ本当の意味とDNA──人類の発生と進化のヒントを発見したのである。

Part 1 命の起源
生命の起源／自然放射線と人工放射線／ホルミシスの実体／iPS細胞／ラジウム石の種類／ラジウム石の分類／自然放射線は昔から利用されていた／長寿の水を発見したパトリック・フラナガン博士／ラジウム石の使い方 1 健康法 2 食品に使用する 3 その他／植物と放射線／ラジウム医療で健康保険が使える国がある／戦後の原爆症を厚生省はラジウム温泉で治療した／万病治るラジウム温泉／危険な人工放射線／福島の放射能汚染／ラジウム石の工業利用／自然放射線を利用した無公害発電／他

本体1340円

フリーエネルギーはいつ完成するのか
フリーエネルギーを推進する会企画

有限→無限の世界はすでにはじまっている！

天才科学者ニコラ・テスラが完成させていたとしながらも 世に現れなかったフリーエネルギーの謎はいよいよ解明された!? 学会で削除及び省略されたとされる電磁気学の一分野は刷新され、いよいよエネルギー保存則の再定義が行われる。 8人の有識者・研究者によるオーバーユニティ実現の最前線に迫る。

◎反エントロピー新古典物理学体系と文字通りの永久磁石、永久機関モーター開発／ロシア科学アカデミー・スミルノフ物理学派論文審査員:ドクター 佐野千遥
◎エネルギー問題は水晶が解決する／品川次郎
◎螺動ゼロ場情報量子エネルギー／九州大学工学博士、イオンド大学名誉哲学博士 高尾征治
◎フリーエネルギーはいつ完成するのか／ナカガワユカ
◎「第3起電力」のエネルギー源について（弧電磁気論から見たエネルギー源の考察）／中之庄正輔
◎見えるフリエネ、見えないフリエネ／山田貢司
◎重力発電機の試作記／有限会社内山製作所 内山圭一
◎フリーエネルギー装置の2大技術／ヤマネマコト

本体1700円

オスカー・マゴッチの
宇宙船操縦記 Part1
オスカー・マゴッチ著　石井弘幸訳　関英男監修

ようこそ、ワンダラー（放浪者）よ！
本書は、宇宙人があなたに送る暗号通信である。
サイキアンの宇宙司令官である『コズミック・トラヴェラー』クゥエンティンのリードによりスペース・オデッセイが始まった。魂の本質に存在するガーディアンが導く人間界に、未知の次元と壮大な宇宙展望が開かれる！
そして、『アセンデッド・マスターズ』との交流から、新しい宇宙意識が生まれる……。

本書は「旅行記」ではあるが、その旅行は奇想天外、おそらく20世紀では空前絶後といえる。まずは旅行手段がＵＦＯ、旅行先が宇宙というから驚きである。旅行者は、元カナダＢＢＣ放送社員で、普通の地球人・在カナダのオスカー・マゴッチ氏。しかも彼は拉致されたわけでも、意識を失って地球を離れたわけでもなく、日常の暮らしの中から宇宙に飛び出した。1974年の最初のコンタクトから私たちがもしＵＦＯに出会えばやるに違いない好奇心一杯の行動で乗り込んでしまい、ＵＦＯそのものとそれを使う異性人知性と文明に驚きながら学び、やがて彼の意思で自在にＵＦＯを操れるようになる。私たちはこの旅行記に学び、非人間的なパラダイムを捨てて、愛に溢れた自己開発をしなければなるまい。新しい世界に生き残りたい地球人には必読の旅行記だ。　　　　　　　　本体1800円

オスカー・マゴッチの
宇宙船操縦記 Part2
オスカー・マゴッチ著　石井弘幸訳　関英男監修

深宇宙の謎を冒険旅行で解き明かす――
本書に記録した冒険の主人公である『バズ』・アンドリュース（武術に秀でた、歴史に残る重要なことをするタイプのヒーロー）が選ばれたのは、彼が非常に強力な超能力を持っていたからだ。だが、本書を出版するのは、何よりも、宇宙の謎を自分で解き明かしたいと思っている熱心な人々に読んで頂きたいからである。それでは、この信じ難い深宇宙冒険旅行の秒読みを開始することにしよう…（オスカー・マゴッチ）

頭の中で、遠くからある声が響いてきて、非物質領域に到着したことを教えてくれる。ここでは、目に映るものはすべて、固体化した想念形態に過ぎず、それが現実世界で見覚えのあるイメージとして知覚されているのだという。保護膜の役目をしている『幽霊皮膚』に包まれた私の肉体は、宙ぶらりんの状態だ。いつもと変わりなく機能しているようだが、心理的な習慣からそうしているだけであって、実際に必要性があって動いているのではない。
例の声がこう言う。『秘密の七つの海』に入りつつあるが、それを横切り、それから更に、山脈のずっと高い所へ登って行かなければ、ガーディアン達に会うことは出来ないのだ、と。全く、楽しいことのように聞こえる……。（本文より抜粋）

本体1900円

「矢追純一」に集まる
　　未報道UFO事件の真相まとめ

矢追純一

被害甚大と報道されたロシア隕石落下などYahoo!ニュースレベルの未解決事件を含めた噂の真相とは!?
航空宇宙の科学技術が急速に進む今、厳選された情報はエンターテインメントの枠を超越する。

（月刊「ムー」学研書評より抜粋）
UFOと異星人問題に関する、表には出てこない情報を集大成したもの。著者によると、UFOと異星人が地球を訪れている事実は、各国の要人や諜報機関でははるか以前から自明の理だった。アメリカ、旧ソ連時代からのロシア、イギリス、フランス、ドイツ、中国、そのほかの国も、UFOと異星人の存在についてはトップシークレットとして極秘にする一方、全力を傾注して密かに調査・研究をつづけてきた。
　しかし、そうした情報は一般市民のもとにはいっさい届かない。世界のリーダーたちはUFOと異星人問題を隠蔽しており、マスコミも又、情報を媒介するのではなく、伝える側が伝えたい情報を一般市民に伝えるだけの機能しか果たしてこなかったからだという。
現在の世界のシステムはすべて、地球外に文明はないという前提でできており、その前提が覆ったら一般市民は大パニックに陥るだけでなく、すべてのシステムをゼロから再構築しなければならなくなるからだ、と著者はいう。だが、近年、状況は大きく変化しつつあるらしい。（後略）　　　　　　　本体1450円

「YOUは」宇宙人に遭っています

スターマンとコンタクティの体験実録
アーディ・S・クラーク著　益子祐司訳

スターピープルとの遭遇。北米インディアンたちが初めて明かした知られざる驚異のコンタクト体験実録

「我々の祖先は宇宙から来た」太古からの伝承を受け継いできた北米インディアンたちは実は現在も地球外生命体との接触を続けていた。それはチャネリングや退行催眠などを介さない現実的な体験であり、これまで外部に漏らされることは一切なかった。
しかし同じ血をひく大学教授の女性と歳月を重ねて親交を深めていく中で彼らは徐々に堅い口を開き始めた。そこには彼らの想像すら遥かに超えた多種多様の天空人（スターピープル）たちの驚くべき実態が生々しく語られていた。
虚栄心も誇張も何一つ無いインディアンたちの素朴な言葉に触れた後で、読者はUFO現象や宇宙人について以前までとは全く異なった見方をせざるをえなくなるだろう。宇宙からやってきているのは我々の祖先たちだけではなかったのだ。

「これまで出されてきたこのジャンルの中で最高のもの」と本国でも大絶賛のベストセラー・ノンフィクションを、インディアンとも縁の深い日本で初公開！　実体験からしか語れない臨場感のある第一種〜第五種接近遭遇の顛末。　　　　本体1900円

聖蛙の使者KEROMIとの対話
水守啓(ケイミズモリ)著

行き過ぎた現代科学の影に消えゆく小さな動物たちが人類に送る最後のメッセージ。
フィクション仕立てにしてはいても、その真実性は覆うべくもなく貴方に迫ります。「超不都合な科学的真実」で大きな警鐘を鳴らしたケイミズモリ氏が、またも放つ警醒の書。

(アマゾンレビューより)軒先にたまにやってくるアマガエル。じっと観察していると禅宗の達磨のような悟り澄ました顔がふと気になってくるという経験のある人は意外と多いのではないか。そのアマガエルが原発放射能で汚染された今の日本をどう見ているのか。アマガエルのユーモアが最初は笑いをさそうが、だんだんその賢者のごとき英知に魅せられて、一挙に読まずにはおれなくなる。そして本の残りページが少なくなってくるにつれ、アマガエルとの別れがつらくなってくる。文句なく友人に薦めたくなる本である。そして、同時に誰に薦めたらいいか戸惑う本である。ひとつ確実なのは、数時間で読むことができる分量のなかに、風呂場でのカエルの大音量独唱にときに驚き、ときに近所迷惑を気にするほほえましいエピソードから、地球と地球人や地底人と地球人との深刻な歴史までが詰め込まれていて、その密度に圧倒されるはずだということである。そして青く美しい惑星とばかり思っていた地球の現状が、失楽園によりもたらされた青あざの如く痛々しいものであり、それ以前は白い雲でおおわれた楽園だったという事実を、よりによってユルキャラの極地の如き小さなアマガエルから告げられる衝撃は大きい。　　　本体1300円